逻辑学与生活

LOGIC AND LIFE

姚讲 著

中国纺织出版社有限公司

内 容 提 要

普通大众真正了解逻辑学的机会并不多，故而在提到逻辑学时，大部分人总是一脸茫然，脑海里没有任何概念。不过，说不出逻辑学是什么，并不意味着逻辑学离我们的生活很遥远，事实恰恰相反，它几乎时刻围绕着我们，只是鲜少被注意、被提及而已。

媒体上的各种信息，有许多并不是真实的，我们稍不留神就可能被夸张的、错误的言论误导和迷惑，被别有用心的人操控和利用。学习逻辑学，培养逻辑思考能力，可以帮助我们有效地识别信息真伪、判断命题真假、批判歪理和谬误、有效沟通表达。在处理复杂问题时，逻辑学也能够帮助我们脱离日常思维的浅薄和粗糙，洞察问题的本质。

图书在版编目（CIP）数据

逻辑学与生活 / 姚讲著.--北京：中国纺织出版社有限公司，2024.4
ISBN 978-7-5229-1344-5

Ⅰ．①逻… Ⅱ．①姚… Ⅲ．①逻辑学—通俗读物 Ⅳ．①B81-49

中国国家版本馆CIP数据核字（2024）第032937号

责任编辑：郝珊珊　　责任校对：高 涵　　责任印制：储志伟

中国纺织出版社有限公司出版发行
地址：北京市朝阳区百子湾东里A407号楼　邮政编码：100124
销售电话：010—67004422　传真：010—87155801
http://www.c-textilep.com
中国纺织出版社天猫旗舰店
官方微博 http://weibo.com/2119887771
鸿博睿特（天津）印刷科技有限公司印刷　各地新华书店经销
2024年4月第1版第1次印刷
开本：710×1000　1/16　印张：13
字数：170千字　定价：59.80元

凡购本书，如有缺页、倒页、脱页，由本社图书营销中心调换

前言

当身边人说出一些无厘头的话，或得出一些令人咋舌的结论时，我们通常会无语地摇摇头，认为对方的话毫无逻辑。然而，若是进一步追问，对方的话为什么不合逻辑？到底是哪里出现了谬误？能够做出详尽解释的，却只有极少数人。

对普通大众来说，理论形态的逻辑犹如蒙着面纱的神秘少女，看不清、摸不着，是脱离凡尘的，无论是阅读专著还是听专业讲解，人们对于逻辑学的认识都只是停留在概念层面，很难有透彻的理解。只有碰到显而易见的逻辑错误时，人们才能够识别出来，但也很难具体地说出究竟是犯了哪种逻辑谬误。这就使得我们在遇到"杠精"或"键盘侠"时，明知道对方说得不对或是无理取闹，却无法有理有据地进行驳斥，只能忍受"哑巴吃黄连"的苦闷。

这样的现状和处境，折射出了大众读者亟待解决的一个现实问题：能否借助一条简单易懂的途径，系统地了解逻辑学，并切实地将其运用到生活中？

答案是肯定的！你正在翻阅的这本书，就是为满足大众读者的这一需求精心策划的。一切理论都是对生活现象的提炼，想要揭开逻辑的神秘面纱，就要将逻辑学还原到生活中去。只有这样，大家才能切身地感受到，逻辑学是一门植根于生活的学科，就像柴米油盐一样不可或缺；如果没有逻辑，生活会变得一塌糊涂。

逻辑学与生活

逻辑是思维的规律、规则，但它并没有想象中那么高深莫测、晦涩难懂，也不全是黑格尔哲学中的大逻辑、小逻辑，它贯穿于日常生活中，时刻都在影响着我们的沟通、判断和决策。那么，逻辑学离我们到底有多近呢？

超市的促销海报上写着"买一送一"的标语，但你拿着两件完全一样的商品去结账，却被告知"买一支牙膏，只送一个刷牙杯"，商家故意混淆了概念。

微信里的一位长辈又给你转发了文章——"如果你有孩子，不懂这一点很可能耽误孩子一生"。原本就存在育儿焦虑的你，看到这样的内容时很纠结，屏蔽不看怕留遗憾，可之前看过几次却发现全是"标题党"！为什么这样的文章会让人既厌恶又想看呢？因为恐惧是人类最原始的情感，这种天性经常被别有用心的人利用，以强化自己的观点。

面对网络报道的新闻事件，有些人不了解事情的真相，只凭借道听途说，就制造舆论，站在"道德"和"正义"的制高点上，对身陷事件中的无辜当事人进行尖刻的批判；有些人不在意事情的真相，只是单纯地想利用"负面新闻"吸引眼球、赚取流量、谋私利。当耸人听闻的新闻标题如病毒般扩散时，许多没有独立思考和辨别信息真伪能力的网友，就当起了"转发党"和"键盘侠"，落入了"强盗逻辑"的陷阱中。

生活中的问题从来都不像"1+1=2"那么简单，真相与假象也不总是那么容易区分。本书中列举了大量与生活相关的逻辑学案例，力求让大家感受到逻辑学无处不在的事实，同时让大家意识到培养逻辑思维、学会独立思考有多么重要！

当下，各种信息已如海啸般向我们袭来，裹挟着网络，冲击着眼球，争夺着注意力。想要不被鱼目混珠的信息裹挟，不被夸张的、错误的言论误导和迷惑，不轻易落入他人设置的逻辑陷阱中沦为"炮灰"，我们必须有识别信息真伪、判断命题真假、直击问题本质、批判歪理和谬误的能力，不轻信、不盲从，在任何人、任何事面前，都能以清醒的头脑去思考问题，以有逻辑的语言去表达观点，以视如寇仇的批判意识去破斥诡辩者的谎言！

目录

CHAPTER 1 逻辑思维对一个人有多重要？ 001

普通人与高手的差距在哪里？ _ 002
亲眼看见的，一定是真的吗？ _ 007
为什么有些人更善于解决问题？ _ 013
合理的思考必然符合逻辑规律 _ 017
掌握结构化思维意味着什么？ _ 022
怎样站在上帝的视角俯瞰世界？ _ 026

CHAPTER 2 为什么有些问题总是解决不了？ 033

逻辑学家买猫带来的启示 _ 034
表面的真相，往往是失真的 _ 038
别嫌麻烦，多问几个"为什么" _ 041
极简思维：把复杂的问题简单化 _ 045
逻辑高手都在用MECE分析法 _ 050

CHAPTER 3 世界纷繁复杂，怎样分辨真假对错？ 055

汪伦是怎么"忽悠"李白的？ _ 056

多年的朋友一定不会骗你吗？ _ 062
权威说的话，到底能不能信？ _ 066
从来如此，便对吗？ _ 069
本命年不穿红袜子会怎样？ _ 072
当谎言重复了一千遍以后 _ 075
结果是好的，观点就是对的吗？ _ 079

CHAPTER 4

你是在独立思考，还是在被洗脑？ 083

世界嘈杂混乱，你要保持清醒 _ 084
美国孩子眼里的"孔融让梨" _ 088
如何培养独立思考的能力？ _ 094
统计数据也是会骗人的 _ 098
学会提问：有没有替代原因 _ 103
有什么重要的信息被省略了？ _ 107

CHAPTER 5

面对诡辩与谎言，如何有效地驳斥？ 113

看似什么都解释了，其实什么都解释不了 _ 114
总有人喜欢用正确的废话来遮掩无知 _ 117
想要避免答非所问，学会提问是关键 _ 119
应对较真的人，别在这些地方留把柄 _ 123
再巧妙的说文解字，也只是文字游戏 _ 126
有些话里藏着"圈套"，别轻易被绕进去 _ 129
世上没有放之四海皆准的真理 _ 132

目录

CHAPTER 6 直觉感受与逻辑思考，该相信哪个？ 137

爱迪生是怎么计算灯泡体积的？ _ 138
赌徒谬误：千万别被自己坑了 _ 142
不要说"所有的天鹅都是白的" _ 146
你愿意为"零风险"支付多少钱？ _ 149
容易把人带进误区的联想机制 _ 151
一群聪明人合伙做出了蠢决定 _ 153

CHAPTER 7 只要给出理由，结论就是对的吗？ 157

论证不是"想怎么推就怎么推" _ 158
为什么东施效颦会遭人耻笑？ _ 162
前提"有问题"，结论也靠不住 _ 165
不是所有的"如果……那么……"都成立 _ 169
你犯过"稻草人谬误"吗？ _ 173
上不了好学校，将来就会学坏？ _ 176

CHAPTER 8 怎样进行逻辑表达，才能让别人信服？ 181

为什么你的好心总是被辜负？ _ 182
列举一二三，告别杂乱无章 _ 187
学会用数字为自己"说话" _ 190
千万别忽略"假设"的说服力 _ 193
表达有条不紊，反驳有理有据 _ 196

CHAPTER

1

逻辑思维对一个人有多重要?

LOGIC AND LIFE

 逻辑学与生活

普通人与高手的差距在哪里？

金庸在武侠小说《倚天屠龙记》里描述了一种顶级武功，名曰"乾坤大挪移"。

这一武功有七层境界，难练指数"五颗星"，武功秘籍一开篇就给出了"温馨提示"：想练就本功第一层，悟性高的人要七年，悟性低的人要十四年。撰写这本武功秘籍的人，练到第六层就主动放弃了。当然，也有不知深浅者，譬如明教前任教主阳顶天，练到第四层时没刹住，结果走火入魔，一命呜呼了。

这武功当真如此难练吗？到了张无忌这里，反转出现了。他在练乾坤大挪移的第一层时，竟然只用了片刻工夫；第二层至第六层，也不过用了几个时辰而已。这不禁令人感慨：人与人之间的差距真是大啊！

这个乾坤大挪移，是不是专门为张无忌设计的呢？当然不是了！

真正的原因是，张无忌在练习乾坤大挪移之前，已经练成了九阳神功。那是一套超强的内功心法，是学习天下一切武功，特别是外家功夫的"根基"！

01 优秀的人思考底层逻辑

金庸先生杜撰了一个江湖，想象力天马行空，创造力登峰造极，但他绝不是一个活在虚幻世界里的人。相反，他是一个活在现实世界且可以洞悉事物本质的人。张无忌能练成乾坤大挪移，不是因为"男版玛丽苏"的人设，而是

CHAPTER 1
逻辑思维对一个人有多重要？

因为他有深厚的内功，这是拉开武艺差距的关键。

跳出武侠小说，回归现实生活，决定普通人与优秀者差距的，也不是类似武功招数的那些知识与方法论，而是强大的逻辑思考力，这是分析和解决所有问题的底层逻辑。一个人越是能够触及问题的本质，得到真知灼见的效率就越高，就像电影《教父》里所说："花半秒钟就看透事物本质的人，和花一辈子都看不清事物本质的人，注定是截然不同的命运。"

生活中的问题从来都不像"1+1＝2"那么简单，真相与假象也不总是那么容易区分。特别是在当下，各种信息如海啸般向我们袭来，裹挟着网络，冲击着眼球，争夺着注意力。太多人在信息的迷雾中失去了判断力，不知道哪些新闻是可信的事实，哪些言论是博人眼球的噱头。当耸人听闻的话题、夸大的言论如病毒般扩散时，有些人会把理性抛诸脑后，忘了去探寻事物的本质与真相，盲目地当起"转发党"或"键盘侠"，为了真假不清的问题对陌生人冷嘲热讽，甚至从争论问题上升到人身攻击。

将问题过度简单化，会把我们推向人为制造的非黑即白的境地，而事实

逻辑学与生活

上所有的真实事物都是多面的、灰色或彩色的。如果每个人都能够意识到这一点，多进行理性的逻辑思考，努力辨别真实与虚假、真相与谎言，是不是更有益处呢？

02 看问题要究其根本

在谈论逻辑思考力的问题之前，我们先了解几个重要的概念。

✎ 思维

人们认识事物的过程分为两个阶段：感性和理性。

感性认识，是在实践的基础上，通过感觉、知觉和表象等形式对事物进行认知；理性认识，是用思考的方式改造丰富的感性认知，透过事物的表象和外部关系认识其本质和内部规律。认识的理性形式阶段，就是思维。

✎ 逻辑

逻辑，是一门关于思维形式的学问，即对思维过程涉及的条件和假设，原因和结果，概念、判断和推理等要素之间的联系进行整理和表述。简单来说，逻辑就是理性思考的规则，掌握了逻辑，就学会了如何更加合理地思考。

✎ 逻辑思维

思维的种类有很多，如形象思维、直觉思维、创造思维、灵感思维等，这些都与大脑的活动密切相关，但它们并不属于逻辑思维。在认识事物的过程中，只有借助概念、判断、推理等思维的逻辑形式，遵守一定的逻辑规则和规律，运用简单的逻辑方法能动地反映客观现实的理性认识过程，才能称为逻辑思维。

逻辑思考力，就是建立逻辑思维来分析问题的能力！

如果大脑中总是一片混乱，各种想法得不到整理，没有一个清晰的思路，就不可能进行逻辑思考。反之，拥有逻辑思考力，就可以拨开迷雾一样的表象，去伪求真，洞察事物的本质，厘清思路、解决困惑。

Melissa四年前买了一辆汽车，最近在一次下班的途中，这辆车发生了爆胎事故。Melissa抱怨自己太倒霉了，所幸的是没有造成严重的人身伤害，只是每每回想起这件事情，她还是不由得惊出一身冷汗。

Melissa的汽车为什么会爆胎呢？真的是她太倒霉了吗？

遇事只看到表面，思考就难以深入。
提升逻辑思考力才是关键！

根据现场的情况来看，Melissa的车胎出现了严重的磨损，但这是问题的本质吗？不，这只是一个表层原因。真正的原因是Melissa自从买了这辆车后，一直忽略车胎的保养工作，没有对车胎进行及时的检查和必要的更换，导致爆胎事故的发生。

没有逻辑思考力的人，在遇到问题的时候，不是归咎于运气，就是头痛医头、脚痛医脚。殊不知，看问题不能只看表象而不究其根本，唯有看到问题背后隐藏的实质，分析出事件产生的根本原因，才能够彻底解决问题。

发生这次爆胎事故后，如果Melissa只顾抱怨自己倒霉，或是庆幸自己有惊无险，然后更换全新的轮胎，那么类似这样的情况，日后还有可能会在她生活中的不同领域发生。因为Melissa真正需要注意的问题是她的疏忽大意——没有在重要的事情上做到经常检查、及时排除隐患！

不同的思维方式，会让人在判断事物时得出不同的结论，继而采取不同的行动。

现实生活中，有许多问题比爆胎事件复杂得多。普通人在面对复杂的问题时，常常会表现得不知所措，或是迫切地在方法上着力；高手则不然，他们知道纷繁复杂的问题背后往往存在着某种规律，如同一只"看不见的手"在主导着它。找到了普遍问题或现象背后的底层逻辑，你就具备了举一反三、融会贯通的能力，在看待问题时可以更加准确、通透，从而成为"半秒看透问题本质"的多面赢家。

> 看一个问题的解法，必然要看解法所诞生的过程，看其背后是否隐藏着更具一般性的解决问题的思路和原则。否则这个解法就只是一个问题的解法，记住了也无法推广。
>
> ——刘未鹏《暗时间》

CHAPTER 1
逻辑思维对一个人有多重要？

亲眼看见的，一定是真的吗？

孔子和学生外出游学，被困在陈国与蔡国之间，整整七天没有吃到一粒米，众人都被饿得头晕眼花，无力动弹，只能靠睡觉来抵抗饥饿。颜回是孔门的大弟子，他义不容辞地出门为大家寻找吃食。最后，还真的讨到了一点米。

颜回用这些米熬了一大锅粥，可就在粥快熬好的时候，颜回却自己捞了一把米吃起来。这一幕，刚好被门外的孔子撞见。孔子心里不悦，对颜回颇有微词：平时看着挺老实的，尊师敬长，私下却做出偷吃之事，难不成之前彬彬有礼的样子都是装出来的？孔子不由得轻叹一声，径直离去。

片刻后，粥煮好了。颜回先盛了一碗端给孔子，孔子假装没有看见刚才的事，站起来说道："刚刚我做了一个梦，梦见了老祖宗，我们应该用没有动过的饭来祭祀祖先，你说对吗？"

"不行，这饭我刚刚吃过一口，祭祀祖先就是对祖先的不敬了！"颜回说。

"你为什么这样做？"孔子盯着颜回问道。

"刚才有脏东西掉进了锅里，我用汤匙把它捞了出来，正想把它倒掉时，忽然想到一粥一饭都来之不易，扔了怪可惜的，就把它吃了。"

孔子恍然大悟，对眼前的弟

子们说道:"颜回是你们的大师兄,是我最信任的人。可是,今天看到他捞饭吃,我还是会怀疑他。我亲眼看见的事情都未必是事实,何况道听途说呢?"

我们常说,看问题不能只看表象,要看其本质。听起来挺简单,真正去践行才会发现,有太多的迷雾和干扰因素影响着我们进行逻辑思考。即便是像孔夫子这样的圣人,也不免被眼前所见的情景迷惑,忍不住对原本信任的弟子心生怀疑,险些误判了弟子的品行。

既然耳听为虚不可信,眼见也不一定为实,那我们究竟该去看什么?我们一直在说的"本质",究竟指的是什么?逻辑思考,思考的又是哪些内容呢?

01 "本质"的第一层含义:事物的根本属性

事物的根本属性,是决定该事物之所以为该事物而不是其他事物的特有属性。想要深刻地认识和把握事物,形成有关事物的科学概念,就必须揭示和把握事物的根本属性。

许多从事销售工作的朋友,在从业期间都听过类似这样的"教诲":"做销售的人必须机灵,毕竟是与人打交道……"言外之意,似乎不懂得人情世故、"打牌拉关系",就没法把这份工作做好。那么,深谙沟通技巧,在具体交涉时依靠自身的表达能力不断地对客户进行"言语轰炸",是不是就能成为业务精英呢?

当客户抵挡不住销售员的三寸不烂之舌时,可能会在其鼓动下购买商品。但这属于冲动消费,待冲动消散后,客户往往会心生懊悔,并产生上当受骗之感。因此,这一次成交,极有可能就成了"一锤子买卖"。

为什么靠花钱巧语"把梳子卖给和尚"的销售方式是难以长久的呢?就是因为没有认识销售的本质!销售,不是靠花言巧语、蒙蔽诱惑让他人购买商品,而是了解客户的需求,从而满足客户的需求!真正的销售高手,不会以产品为中心，一味地研究怎么"卖"；而是以客户为中心，找到不同客户的需求点，为他们解决不同的实际问题。

02 "本质"的第二层含义：问题的根本原因

事物之间的因果关系是复杂多样的，一个现象的产生可能是一种原因所致，也可能是多种原因所致，所以思考问题的根源至关重要。只有找到问题的根本原因，才能对事情的未来趋势做出准确的判断，从而真正地解决问题。同时，也只有对问题的根源做出正确的解释，才能在下一次遇到同样的问题时，避免犯同样的错误。

几百年前的航海时代，远航的船员们经常会遭到坏血病的侵害。出海时间久了，他们的牙龈和皮肤就会出血，眼窝凹陷，皮肤苍白，牙齿脱落，严重时还会死亡。有人粗略地统计过，1500~1800年这300年间，死于坏血病的船员约有300万人。

当时，人们对坏血病的了解少之又少，只是凭借直觉认为，这一疾病大概和营养不良有关系，毕竟只有远航的船员们容易患此病，而海上没有新鲜的蔬菜和水果。到了1747年，一个偶然的机会，有个名叫詹姆斯·林德的海军军医通过实验发现，柑橘和柠檬对治疗坏血病有效果。后来，英国人还发明了把柠檬汁混在朗姆酒里长期保存的方法。到了19世纪早期，英国海军彻底告别了坏血病。

然而，一百年之后，坏血病又卷土重来，缠上了英国船队。船队原本给船员配备的都是西班牙柠檬，但因为西印度柠檬价格更便宜，且酸度和西班牙柠檬一样，船队就选择了西印度柠檬。为了防止柠檬坏掉，船员还把它们榨成了汁，煮熟后再带上船。之所以这样做，是因为他们发现，无论是柠檬果实还是柠檬汁，酸度都是一样的。

然而，就是这一细微的改变，让坏血病再次袭击了船员。随船的医生也不能理解：明明都是柠檬汁，酸度也一样，按理说都是可以预防坏血病的，为什么会失效呢？

直到1930年，匈牙利的科学家圣捷尔吉·阿尔伯特成功分离出了维生素C，这道谜题才被彻底揭开：原来，对坏血病发挥效用的不是柑橘和柠檬，也不是它们的酸味，而是其中所含的维生素C！西印度柠檬所含的维生素C本就只有西班牙柠檬的25%，煮熟以后，仅存的这点维生素C也被彻底破坏了，自然也就无法抵御坏血病了！

03 "本质"的第三层含义：现象背后的规律

思考问题的根源，是为了找到某一特定问题发生的根本原因，而思考现象背后的底层逻辑，就是在寻找某一类现象或问题的普遍根源。

底层逻辑是万事万物背后隐藏的不变规律，是各种现象出现的动因，一旦理解了底层逻辑，对许多现象的理解也会变得容易，在看问题时会更加通透、准确。

时代的发展、环境的改变、思维的转换，是任何人都无法阻止的更迭。

阿里巴巴开了盒马鲜生，三只松鼠以品牌为核心在线下开了投食店……这些零售业态各有各的亮点，且都做得风生水起。面对纷繁复杂的新业态、新模式，不少企业开始发慌，忍不住冒出一连串的疑问：什么是新零售？为什么它会这么火？消费者的消费习惯越发碎片化，是否要逐流去满足碎片化的生活需要？大而全的企业是不是没有活路了，未来要走小而美的路线？

对企业而言，认清趋势、顺应变化无疑是重要的，但比这两点更重要的是"摸清规律"。有些事物看起来神秘莫测，实则只是形式上的变幻，如果能透过现象看到本质,便能够更好地知晓该改变什么、不能改变什么。

连接是商业的前提,互联网改变的就是连接的方式,让信息变得对称,从而改变商业模式和效率,实现生产的工业化、体验的个人化。但是,商业思维并没有发生本质上的变化,它依然要最大限度地扩大销售、降低成本、创造价值、提升效率。

商业的本质是买卖,而买卖的核心又是什么呢?

你的营销做得再好,宣传做得再多,文案写得再打动人心,如果产品本身不够好,也不能借风起势,不但如此,等风吹过,反倒容易落得满身灰尘。概念性的东西总是有生命周期的,来得快,去得也快。在千万变化的商业世界里,唯一不变的是质量、价值与诚信。

看透本质,可抵十年奋斗。

从某种意义上来讲,互联网思维的本质是商业回归人性,产品与消费者之间不再是单纯的功能上的连接,消费者开始关注附着在产品功能上的口碑、文化、格调、魅力、人格等。认清了这一点,企业就不会自乱阵脚、盲目逐流,而是朝着"一切出于人,一切为了人"的方向思考:如何结合自身的实际情况,为用户提供更多超出预期的增值服务?

看不清事物的根本属性,就无法知道"是什么",更无法解决"为什

么"和"怎么办"的问题;看不到问题的根源,就无法解释问题、预测问题和解决问题;看不到现象背后的底层逻辑,就无法找到同类问题的普遍根源。

所有的运转,都有赖于深藏其中的原则,也就是一串又一串因果关系决定了这个世界的走向。如果你探索出了其中的因果关系——虽然不可能是全部,但最好是绝大部分——那么你无疑就掌握了打开这个世界藏宝箱的钥匙。

——瑞·达利欧(对冲基金公司桥水创始人)

CHAPTER 1
逻辑思维对一个人有多重要？

为什么有些人更善于解决问题？

在打击毒贩的行动中，警方一举歼灭了一个犯罪团伙。在犯罪嫌疑人的口袋里，警方搜到了一张纸条："26日下午3点，货在××区云杉树顶。"警方迅速赶到现场查看，结果发现，纸条上说的那棵云杉树并不高，货物明显不在树顶上。这时，一位有"神探"之称的高级督察，重新推敲了纸条上的那句话，且最终在正确的位置将货物取出。

你猜猜，这位"神探"是怎么推出毒品藏匿地的？

现在，揭晓一下问题的答案：货物藏在下午3点时，云杉树顶在地面的投影处！

01 解决问题的思维，决定解决问题的能力

生活是一个不断解决问题的过程，而我们所面对的问题并不比悬案简单，很多时候也是错综复杂的。那么，会解决问题的人与不会解决问题的人，最根本的区别是什么呢？

假设此时正下着暴雨，你开着车，看到路边站着三个人：一个是救过你命的医生，一个是生命垂危的老人，还有一个是你心仪的女神。你的车是两座的，你只能带上三人中的一个离开，你会怎么选呢？

看起来，这似乎是一道关乎恩情、道义与爱情的抉择难题，实在令人为难。

也许，会有人选择恩情，理由是"你给了我第二次生命"；也许，会有人选择道义，理由是"救人一命，胜造七级浮屠"；也许，会有人选择爱情，理由是"生命诚可贵，爱情价更高"。无论哪一种选择，都牵涉着取舍，最后我们也只能安慰自己说——没有两全其美的选择。

你倾向于哪一种选择？或者，你认为还有没有更优的可能性方案？

事实上，做出上述三种选择的人，在思考这一问题时都被一个"圈套"迷惑了——"我是司机，我只能带走一个人"。现在，你可以重新审视一下：这是你要解决的根本问题吗？

不！真正的问题是——四个人，两个座，怎么安排？

这也提醒了我们：缺少逻辑思考力的人，就会很容易被既有选项迷惑，掉进惯性思维、思维定式的陷阱；而擅长逻辑思考的人，则会挖掘问题的根源，从而找到不同的解决方案——让医生开车送老人去医院，自己留下来陪女神。在相似的处境之下，解决问题的思维决定了解决问题的能力，而解决问题的能力也决定了个人的价值。

02 解决问题的能力，决定着个人的价值

就职于某互联网公司的凯文，最近一直处在焦虑中。他入职这家公司已有8年，前三年凭借自己的努力和才能，工资从6000元逐渐升到了14000元；后面的几年里，他的工资涨得越来越慢，到现在也只有16000元，上次涨工资已是前年的事了。

几乎停滞的收入增长，与房贷、车贷、教育等支出的不断增加，使凯文的压力越来越大，可他始终想不明白：每天加班加点地工作，头发掉得肉眼可见的多，爱人和孩子总是埋怨自己陪伴得少，所有的努力似乎都没有意义，而不努力又连现状都难以维系。

其实，凯文遇到的问题并不是特例，而是一个很普遍的现象。

✏ 彼得定律

劳伦斯·彼得认为，在层级组织中，每个员工都有可能晋升到不能胜任的阶层。在一个层级组织中，如果你胜任一个位置，就可能被提拔到一个可能胜任也可能不胜任的更高位置。如果你不能胜任的话，你就留在了这个位置上，再也得不到晋升；如果你还胜任的话，你就会再次得到提拔，最终被提拔到一个你不能胜任的位置上。

既然彼得定律不可避免，而我们又不想上升到不能胜任的级别，那就要持续地自我精进，不断锻造和提升解决问题的能力！因为工作的本质就是解决问题，你能够解决的问题的大小，决定了你的职位与待遇；你能够解决别人都解决不了的问题，你的价值自然就比别人高。

想要从容地处理别人解决不了的问题，是不是得智商极高或拥有特别的天赋呢？

其实不然。解决问题的能力不是与生俱来的，而是可以通过后天的刻意练习来获得并精进的。否则，我们也没有必要讲逻辑思考力了。我们学习逻辑思

逻辑学与生活

维的终极目的，是脱离日常思维的浅薄和粗糙，洞穿到思维对象的深层和本质所在，培养自己的可迁移技能，学会解决错综复杂的问题。

学会逻辑思考，事业前景就能更加广阔，就能拥有更好的生活。

解决问题的根本是逻辑思考力，面对问题表现得不知所措，缺少能够解决问题的思路，是因为没有养成逻辑思考力，不具备找出真正解决之策的思考路径。

——大前研一（日本著名管理学家）

CHAPTER 1
逻辑思维对一个人有多重要？

合理的思考必然符合逻辑规律

三位秀才进京赶考，偶遇一位号称有"未卜先知"能力的老人，便询问他：我们三个人中谁能中皇榜？老人只字未说，只是神秘地竖起了一根手指，就把三位秀才打发走了。

数日后，三位秀才中的一位果真中了皇榜，他便带着礼物特意向老人道谢。

试问：为什么老人能够知道三位秀才中有一人可以中皇榜呢？

如果你顺着提问去思考，那就掉进了思维陷阱，因为这个老人压根就没有未卜先知的能力，他只是巧妙地利用了"一根手指"的歧义。最后，无论三位秀才的科举考试是哪一种结局，老人都可以用这个手势自圆其说。

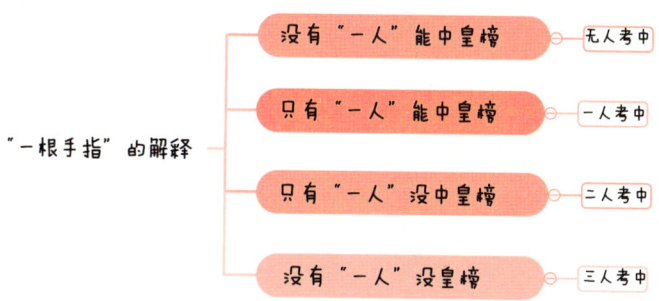

逻辑思考是一种理性思考，而理性思考的前提是符合逻辑规律。那位老人的做法违反了逻辑规律，他那"一根手指"的手势在解释上存在"歧义"，而三位秀才并没有意识到。

逻辑学与生活

01 同一律

在同一思维过程中，必须在同一意义上使用概念和判断，不能在不同意义上使用概念和判断，即事物只能是其本身，违反这个要求就会犯"偷换概念"或"混淆概念"的逻辑错误。

在同一思维过程中，必须保持论题自身的同一，即就论题本身进行讨论，不能偏题、跑题、离题，违反这个要求就会犯"偷换论题"或"转移论题"的逻辑错误。

19世纪中期，许多科学家的思想还停留在"创世论"的基础上，认为万物在创世的时候就已经存在了。1859年，达尔文在《物种起源》中提出"物竞天择，适者生存"的观点，认为人是在自然选择中不断进化，最后逐渐成为现在的"人"的。

显然，"进化论"与"神创论"的观点大相径庭，各方支持者为此争论不休。1860年，支持达尔文"进化论"的英国动物学家托马斯·亨利·赫胥黎与支持"神创论"的牛津主教塞缪尔·威尔伯福斯，在牛津大不列颠学会上进行了激烈的辩论。

辩论现场，威尔伯福斯进行了长篇的演说，他的演说暴露了他对达尔文学说一无所知的事实。最后，大主教干脆撇开科学论据，施展浅薄无聊的人身攻击："坐在我旁边的赫胥黎教授，你说你是从猴子变成人类的，那你的祖父祖母从哪儿来的呢？"

威尔伯福斯的言论，就违反了逻辑学中的同一律。

首先，人是人，猴子是猴子，人是由古猿进化来的，不是由另一个物种猴子变化而来的。其次，"进化"是"变化"的一种，但"进化"不等于"变化"，威尔伯福斯把"进化"和"变化"混为一谈，推论出了"人是猴子变成的"这一荒谬的结论。

02 矛盾律

同一思维过程中,对同一对象不能同时做出两个矛盾的判断,不能既肯定它又否定它,即任一事物不能同时既具有某种属性又不具有某种属性。

用逻辑学的专业术语来说,两个互相否定的观点,不可能都为真,其中必有一个为假。违反了矛盾律,就会犯"自相矛盾""含混不清"和"前后不一"的谬误。

预言家、诗人埃庇米尼得斯说:"所有的克里特岛人都说谎。"可是,说这句话的埃庇米尼得斯本人就是克里特岛人!那么,他说的这句话,到底是真是假呢?

如果他说的是真话,那么作为克里特岛人之一,他也说谎,因此他说的这句话就是谎话。如果他说的是谎话,那么有的克里特岛人说谎,有的克里特岛人不说谎,他也可能是这些不说谎的克里特岛人之一,因此他说的可能是真话。所以,无论怎么推理,都是自相矛盾的,这也被称为"说谎者悖论"。

03 排中律

在同一思维过程中,两个相互矛盾的命题不能同假,必有一真,其公式为:"A是B,或A不是B。"如果违反了这个要求,就会犯"两不可"或"不置可否"的逻辑错误。排中律要求我们在一些问题面前要态度鲜明,不能模棱两可。

"说世界上有鬼吧,似乎不太对,这是一种迷信;说这世界上没有鬼

吧,又未免太武断,有些现象还真的不好解释!"

在这番话中,同时否定了"世界上有鬼"和"世界上没有鬼"这一对相互矛盾的判断,就是犯了"两不可"的错误。

妻子:"你昨晚去打牌了吗?"

丈夫:"谁说我去打牌了?"

妻子:"你昨晚没去打牌?"

丈夫:"我可没说我没去。"

在上述对话中,丈夫很明显是故意采取模棱两可的态度回避妻子的问题。在是非、黑白面前,骑墙居中,既不肯定也不否定,既同意这一点也同意那一点,含糊其辞、不做明确表态,就是"不置可否"诡辩的特征。

04 充足理由律

充足理由律,是指在论证和思维过程中,要确定一个判断为真,必须有足够证明它真实的理由。如果提不出充足的理由来论证它,那它就是没有根据的、没有论证性的;缺乏论证性的论断,是没有说服力的。

楚国大夫登徒子在楚王面前揭露宋玉的劣行,说他长得一表人才,能言善辩、口若悬河,但是本性好色,希望楚王日后不要让他出入后宫。楚王听了登徒子的话后,就去质问宋玉。

宋玉这个人反应敏捷,逻辑缜密,还很擅长诡辩。被楚王质问的宋玉,临场便给自己洗白:"我老家有一位绝世美女,偷偷摸摸地爬墙偷窥我三年,我也从未动心,这能叫好色吗?"

接着,他又开始"抹黑"登徒子:"登徒子的妻子蓬头垢面、耳朵挛缩,嘴唇外翻、牙齿不齐,弯腰驼背且走路一瘸一拐,还长有疥疮。这么丑陋不堪的一个女子,登徒子却非常爱她,还跟她一起生了五个孩子!您说,谁更好色呢？"

在逻辑思维的过程中，无论是提出问题还是面对争议，都要找到充足的理由来证明其真实不虚。结论是否正确，关键就在于理由是否扎实，有充足的理由，才能说服他人。宋玉提出登徒子的妻子相貌丑陋是事实，但喜欢容貌丑陋的妻子，就说明登徒子好色吗？宋玉的理由和结论之间，没有必然的联系，俨然是诡辩和"抹黑"！

也许你会问：为什么是"充足的理由"，而不是"简单的理由"呢？

在同一个判断下，可以提出无限多的理由，但就算那个判断是真的，也只有一些理由可被认为是充足的；而如果那个判断是假的，则任何一条理由都不是充足的。毕竟，有些诡辩者试图证明假的论题时，会提出一些有利于自己论题的理由，这些理由再花哨也不是充足理由。

所有与素质有关的恶劣、低俗和浅薄，其本质都与逻辑有关，是缺乏逻辑的基本知识，缺乏运用逻辑的基本能力，缺乏逻辑的思维方式。

——D.Q. 麦克伦尼（美国著名逻辑学家、哲学教授）

掌握结构化思维意味着什么？

下面有14个字母，请你试着在3秒内看完并记住它们：

a e f b g j k d c i h n l m

能记得住吗？现在我把它们的位置换一下，你再试试：

a b c d e f g h i j k l m n

将两组字母对比一下，你发现了什么规律？

同样都是14个字母，第一组背起来很费劲；到了第二组，只是把字母的位置进行有序调换，但只要有拼音或英文基础的人，都能轻轻松松地记住它们。

为什么后面的一组字母比较容易记忆呢？这就涉及结构化思维的问题。

01 结构化思维

人处理信息的能力有限，太多信息会让大脑感到负荷太重，它更偏爱有规律的信息。结构化思维，就是借助一个思维框架来辅助思考，将碎片化的信息进行系统化思考和处理，从而扩大思维的层次，使人更全面地思考。

没有结构性的思维是零散、混乱、无条理的想法集合，而结构化思维是一种有条理层次、脉络清晰的思考路径。前文中，第一组字母是随机排列的，而第二组字母是按照26个英文字母的顺序排列的，结构上更有规律，更符合大脑的思维习惯，所以更便于记忆。

02 金字塔原理

提到结构化思维，就不得不提芭芭拉·明托的"金字塔原理"。金字塔原理是一种简单易操作的结构化思维方法，金字塔结构是由纵向结构和横向结构组成的。金字塔的顶端是需要解决的问题，中间层是支撑问题解决的不同方面，最底层是支持不同方面的原因或理由。

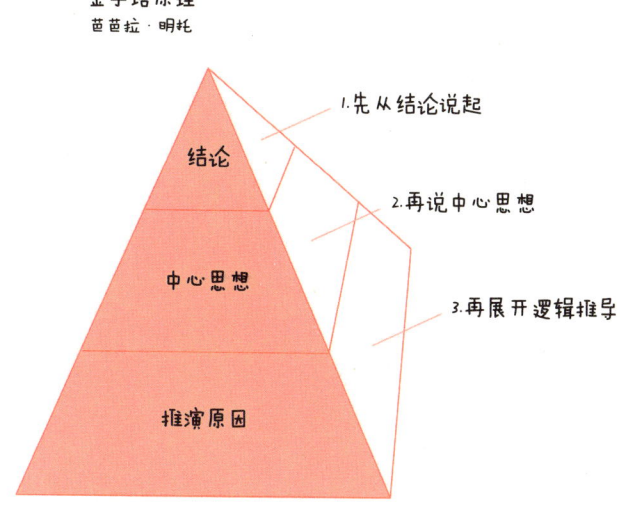

在训练结构化思维时，我们可以借鉴金字塔原理，其具体的表现形式有两种。

○ 方法1：自上而下分解

在处理问题、与人沟通、撰写文章的过程中，如果我们能够建立一个框架，把零散的信息放进去加工整合，就能够得出方法与结论，这个框架就是结构化思维。

○ 方法2：自下而上归纳

自下而上提炼结构，是一个先发散再收敛的思考过程，目的是提炼出一

 逻辑学与生活

个结构完整、逻辑清晰的框架,来帮助我们系统地解决问题。

假设周二当天,公司领导想在下午3:00召开一次会议,并将通知相关人员参会的任务交给你。但因为需要与会的人员各有公务在身,且时间上有差别,你经过思虑后,把开会的时间安排在周四上午11点。现在,你要如何向领导汇报,才能把这样安排的原因表达清楚?

针对这一情况,我们可以使用"自下而上"的方式来处理:

〇 Step 1:罗列要点

· 王经理下午3点不能参加会议。

· 孙总说不介意晚一点开会,会可以放在明天开,但在10:30之前不行。

· 会议室明天有人预定,但周四还没有人定。

· 唐先生明天要很晚才能回来。

· 会议定在周四上午11点比较合适。

〇 Step 2:概括分类

· 明天(周三),唐先生无法参加。

· 上午10:30前,孙总不能参加。

· 下午3点,王经理不能参加。

· 周四会议室可用。

〇 Step 3:提炼要点

· 会议安排在周四,时间为10:30~15:00,所有人都能参加。

在跟领导汇报时,你可以这样表述:

"我们可以把今天下午3点的会议,改在周四上午11点吗?因为这个时间点,唐先生、王经理和孙总都能参加,且本周只有周四会议室还没有被预订,您看如何?"

结构化思维的两种方法没有优劣之分,遇到问题时,哪种结构能表达思考脉络就用哪一种。当我们掌握了结构化思维之后,思考将从无序到有序,从混乱到清晰,从低效到高效。

CHAPTER 1
逻辑思维对一个人有多重要？

那些反应敏捷的人，不是比别人更聪明，而是更懂得通过有效的思维方式，让大脑快速对信息进行整理和归纳，准确地抓住核心，规划行动。同样的内容，通过利用结构化思维对其进行有结构、有规律的整理，可以大大提高思考效率，让复杂的问题变得简单清晰。

 逻辑学与生活

怎样站在上帝的视角俯瞰世界？

炎热夏日里，一群蚂蚁在搬粮食，它们有的背，有的拉，个个累得满头大汗。几只蝈蝈见状，嘲笑蚂蚁是傻瓜，它们躲在树下乘凉，有的唱歌、有的睡觉，自由自在。冬天到了，西北风呼呼地刮着，蚂蚁躺在装满粮食的洞里过冬；蝈蝈又冷又饿，再没了往日的神气。

在寓言世界或语文课本里，蚂蚁绝对是一个勤劳做事、未雨绸缪的典范，用这个故事教育孩子，无疑也是不错的素材。可是，在商业管理课上讨论思维方式时，蚂蚁和蝈蝈的命运却发生了反转，同学们学习的榜样也从蚂蚁变成了蝈蝈，你知道为什么吗？

蚂蚁注重"存量"，总是将自己的人力、物力和财力尽可能地存储起来；蝈蝈注重"流量"，不会存储人力、物力和财力，而是在需要时直接拿来就用。因而，这两种动物代表的是两种不同的思维方式——"蚂蚁思维"与"蝈蝈思维"。

在互联网高度发达的今天，作为存量的知识被存在了云端，任何人在需要时都可以取用，现代社会重视的不是"存储"知识的能力，而是"使用"知识的能力。另外，当代商业环境变化迅速，存量知识的价值会不断降低，我们需要把知识当成流量来看待。

蚂蚁的世界只有前后左右，是一个二维世界。然而，蝈蝈在必要的时候，可以选择跳跃，跳出只有"前后左右"的二维世界，多了一个"上帝视角"，能够俯瞰这个世界。我们也要像"蝈蝈"一样，在必要的时候纵身一跃，学会升维思考。

升维思考，是指跳出眼前问题的限制与常规解法，通过视角、层级、时

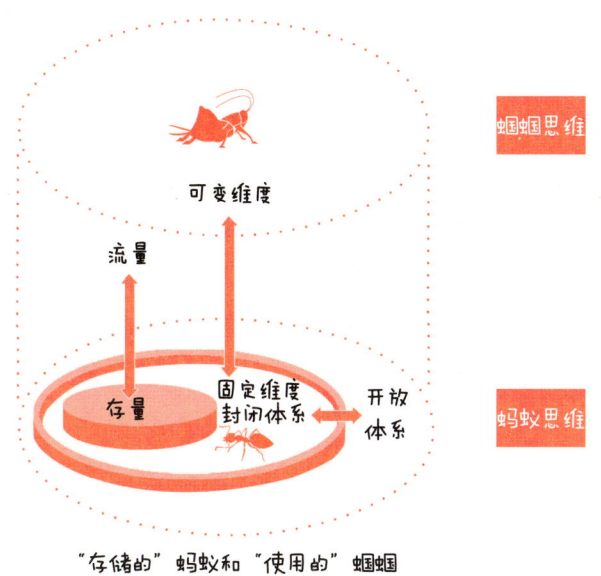

"存储的"蚂蚁和"使用的"蝈蝈

间、位置、边界、结构的变换,重新思考问题及其解决之道。升维思考能使我们获得一种"元视角",即一种从点、线、面、体、空间、时间、具体、抽象"全方位俯瞰"事物本身的立体视角。

爱因斯坦说过:"我们不能用与制造问题时同一水平的思维来解决问题。"当有些问题无法在既定框架中得到彻底有效的解决时,我们就要进行升维思考,为自己打开一扇更大的窗户,架起一个更高的梯子,站在更高的维度重新审视问题,迫近问题的本质,最终解决困境。

那么,怎样才能实现升维思考呢?《直击本质:洞察事物底层逻辑的思考方法》与《麦肯锡极简工作法》中提出了一些切实可用的思维方法,我们可以简单了解其中的几种。

01 高层次思考法

高层次思考,是指自上而下地审视事物,也称"上帝视角"。这种思考方法，不仅可被用于理解现实和现实背后的因果关系，也可被用于俯视自身和周围的人。

美国的一位前宇航员，曾搭乘宇宙飞船去了太空。最初从太空遥望地球时，他总是寻找自己所在的国家和城市，以及其他的国家和地区。随着在太空中工作的时间越来越长，他的关注点发生了改变，他开始观察地球这一蓝色星球整体的美。

回到地球后，这位宇航员将自己在太空中看到的蓝色星球展示给世界不同国家的人们，并到全球进行慈善演讲，呼吁全人类保护地球。他的这一宣传也让更多的人意识到，在地球上生活的不同国家和种族的人，都属于同一个整体、同一个系统。

上帝视角，能够让我们用一种"无我"的姿态去看待一切，不再沉溺于自我的情绪与感受；同时，也能让我们拥有更宏观的视野和更清醒的洞察，从而作出更准确的判断与决策。

视角的转变往往会改变我们的思维，让我们对同一个问题产生不同的理解、思考与判断。当我们看待一件事的角度变了，之前困扰我们的问题就可能迎刃而解或是不复存在。就如普鲁斯特所说："真正的发现之旅不在于发现新风景，而在于获得新视角。"

02 时间轴思考法

时间轴思考法，就是离开现在所处的时间线上的这一点，站在时间轴的终点，或是站在更远处、极远处，来重新审视、思考和解决当下的问题。

1. 站在时间轴的终点上，设想自己的墓志铭

法国作家司汤达的墓志铭是："米兰人亨利·贝尔安眠于此。他活过，写过，爱过。"对司汤达来说，"写和爱"是人生中最重要的事。

科幻小说家阿瑟·克拉克的墓志铭是："这里埋葬着亚瑟·克拉克。他

一直没有长大,却从未停止过成长。"对克拉克而言,成长是他毕生的追求。

设想自己的墓志铭,以概括自己的一生,是心理学家欧文·亚隆提出的一种治疗方法。这种思考方法能够拨开虚幻的迷雾,让人看清自己真正在意的东西,认识到自己的价值观。现在,你可以思考一下:如果用一句话作为自己的墓志铭,你希望这句话是什么?对照一下现在的生活,看看两者是一致的,还是毫不相关?

2. 站在更远处或极远处,回头审视当下的困苦

假设你正处于人生轴的A点,困扰你的问题在A1点,你可以站在更远的地方A2(五年、十年后)或者极远处(一百年以后),回头审视现在的困惑和痛苦。这种思考方法带来的升维作用在于,它能够帮助我们从当下的纠结痛苦中抽离出去,看到被情绪掩盖的真实需求,重新认识当下的困难和痛苦。

03 第三选择思考法

第三选择不是第三个选择,而是第三维度的选择,不是折中或和稀泥,而是在一个平面的二维世界里找到第三维,在一个不可行、不可能的平面上增加一维。第三选择是要我们走出"非此即彼"的思维模式,从不同的视角和维

度去看待问题。

某建筑公司的老板因有事提前接孩子回家，在教学楼门口，恰好碰上了该校的校长。由于和校长是旧相识，老板就与校长闲聊了几句。期间，他指着较为陈旧的教学楼说："校长啊，咱们这教学楼太旧了，看起来不怎么牢固，万一发生地震，真是扛不住啊！你们要么把它拆了重建，要么就只能让学生冒着生命危险上课了。"

校长一听，就意识到这位建筑公司老板是想承揽这个拆除重建的项目。于是，校长笑着回应："你不知道吧，我们这大楼刚刚通过抗震能力检测，至少可以抵抗6级地震，建筑质量完全没问题。我们也决定，下个学期对它进行外观装修，让它焕然一新。"

听完校长的话，建筑公司老板就知道没戏了，寒暄了几句后便主动告辞。

想要解决教学楼陈旧的问题，有不少可取方案，建筑公司老板说的是两个最极端的选项。既是极端的选项，也就意味着不是最佳的办法。当我们在遇到"二选一"的困惑时，不妨问问自己：除了这两个选项，还有没有第三种可能？

正如一句名言所说："如果你只会一种做事的方法，那你就和机器人无异；如果你只会两种做事的方法，你就会陷入两难的境地；如果你想真正地拥有灵活性，你就必须至少掌握三种做事的方法。"

04 从零开始思考法

从零开始思考、创造的思维，可以称为零基思维，即拿掉既有框架，让思维回归原点，从头开始思考的思维方式。这种思维方式能够让我们最大限度地进行创造。

假设你的朋友是一家公司的负责人，他请求你帮忙出主意："我的公司

CHAPTER 1
逻辑思维对一个人有多重要？

已经连续两年亏损了，试过很多办法，像开源节流、辞退员工，都没什么用，你说这该怎么办？问题出在哪儿呢？帮我想想办法！"你会怎么做？

在这样的情况下，如果你按照朋友提出的请求，给出相应的建议，能解决问题吗？未必！因为真正要解决的问题，不一定是财务亏损，根源可能出在其他方面。此时，需要做的是回到原点，先对问题进行了解，收集大量的资料，从而找到隐藏在表象问题背后的事实。

> 一个终极高手拥有的能力，就是"破局"的能力，也就是系统思考的能力。高手并不是能力比我们强、智商比我们高、定力比我们好，只是因为他们的思考比我们深、见识比我们广，他们看到了更大的系统。
>
> ——古典《跃迁》

CHAPTER 2

为什么有些问题总是解决不了?

LOGIC AND LIFE

逻辑学与生活

逻辑学家买猫带来的启示

一位经济学家和一位逻辑学家是好友。某天,他们路上偶遇,相谈甚欢。这时,旁边传来了一阵叫卖声:"卖猫,卖猫,祖传宝猫低价出售!"经济学家饶有兴致地询问了一下,卖家说:"我的孩子生病了,要不是因为没钱给孩子看病,我才不会卖这个玩具猫,它是我们的传家宝!"

经济学家转过身,对逻辑学家说:"老朋友,咱们来玩个游戏,看谁能用最少的钱买到最大的实惠。"逻辑学家点点头,同意了。

经济学家仔细地看了看玩具猫,发现它通体漆黑,但猫眼格外闪耀,他想:"这猫的身体可能是黑铁做的,但眼睛应该很值钱。"于是,经济学家和卖家商量:"我只要这对猫眼,给你3000元怎么样?"卖家欣然接受,经济学家得意扬扬地向老朋友炫耀:"看,我只花了3000元,就买下了一对罕见的珍珠,你认输吧!"

逻辑学家没有回应,而是给了卖家2000元,买下了玩具猫的身体。经济学家正准备嘲笑逻辑学家时,只见逻辑学家示意他快点离开。两人来到了一条小巷,逻辑学家不慌不忙地从口袋里掏出小刀,轻轻地刮掉猫表面的黑漆,里面露出了一抹金色。

逻辑学家笑道:"果然不出所料,这只猫是纯金的!"

经济学家瞬间惊呆,问道:"你怎么知道这只猫是金子做的?"

逻辑学家说:"一只普通的玩具猫,怎么可能用珍珠做眼睛呢?猫眼都那么珍贵了,猫身能是用破铜烂铁造的吗?"

CHAPTER 2
为什么有些问题总是解决不了？

> 在逻辑推理中，有时一个条件即可推出一个结论，有时多个条件才能推出一个结论。

逻辑思维是运用逻辑思考问题，其基本方法有分析、综合、比较、抽象、概括和具体化，主要通过演绎推理、回溯推理和辏合显同来实现。运用逻辑思维，可以在对事物的表象进行分析后发现事物的本质。就买猫的情形而言，逻辑学家从猫眼推断出猫身的价值，正是逻辑分析、推理的体现。这也提示我们，世界上所有的事物都是彼此联系的，这种联系不仅仅是外在明显的联系，还有内在本质的联系。

01 问题之间的联系

问题之间的联系：
- 主要联系VS次要联系
- 本质联系VS非本质联系
- 直接联系VS间接联系
- 偶然联系VS必然联系

✏ 直接联系VS间接联系

问题有表象和本质之分，有时我们看到的问题并不是真正的问题，彼此之间的关联也未必准确，这就是直接联系与间接联系的区别。

✏ 偶然联系VS必然联系

偶然联系是指事物联系与发展过程中不确定的趋势，产生于非根本矛盾和外部条件，是不稳定的、暂时的、不确定的，属于个别表现。

必然联系是指事物联系和发展过程中一定要发生、确定不移的趋势，是比较稳定和确定的，是同类事物普遍具有的发展趋势。

主要联系VS次要联系

主要联系对事物的发展起决定性作用，处于支配地位，次要联系则处于被支配地位。

本质联系VS非本质联系

本质联系是事物内在的、必然的、规律性的、稳定的联系，对事物的性质和发展方向起决定性作用；非本质联系是事物外部的、表面的、偶然的、不稳定的联系，对事物的发展只起影响作用。这两种联系，也可以称为内部联系和外部联系。

当多种问题同时存在时，一定要考虑各种问题之间的相关性。有些问题之间是有关联的，有些问题之间则不存在关联。对于有关联的问题，要作为一个整体去研究解决策略；对于不存在关联的问题，要进行分类，以提升解决问题的效率。

02 别拿相关当因果

逻辑思考中有一个致命"大坑"，即在分析问题时错把相关性看作因果性。

我们经常会在生活中听到或看到这样的推理："研究发现，越是成功的人，睡眠时间越短""研究发现，去医院越多，越容易生病""研究发现，儿童时期吃西蓝花越多，成年后的职业收入往往也越高"……

事实上，这些推理都存在严重的逻辑错误！按照这样的说法，要是不睡觉，是不是就能变成富豪？就算生病了，也别去医院？现在赚钱少，是因为小时候吃的西蓝花太少？这里的每一个A和B之间都只有相关关系，但这种相关关系，是推理不出因果关系的！

✏️ 相关性≠因果性

事物之间有相关性，并不能证明它们存在因果关系。有时两者之间的因果恰恰相反，或者两者之间根本没有因果关系。这种谬误让人无法准确地认识真正的问题，无法形成一条正确的逻辑线索。

把相关性与因果性混淆是一件危险的事，尽管原因先于结果出现，但先于结果出现的还有许多其他因素，其中有一些并不是引发结果的原因。分析事物，一定要谨慎，不能把巧合的相关关系视为因果关系。否则的话，就会做出错误的判断。

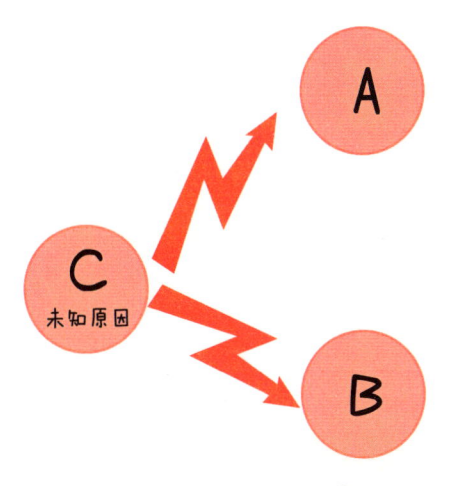

相关的产生不一定是由于两个变量之间存在一个可以测量的、直接的因果关系，可能是因为两个变量都和第三变量相关。

> 在分析问题和解决问题的时候，务必进行一项重要的逻辑思考：分清楚哪些事件只是相关，哪些事件既是相关又互为因果，在这个逻辑思考基础上，问题会更容易被分析清楚，并得到彻底的解决。

表面的真相，往往是失真的

01 为什么邻居如此冷漠？

露莎刚刚搬到一个新的地方。这段时间，她经常看到一位年轻邻居的背影，她总是坐在花园里，无所事事。露莎心里不禁纳闷：这个女人年纪轻轻，怎么什么事情也不做呢？不出去工作，也不打理花园，整天这样待着有意思吗？

露莎向这位年轻的邻居打招呼时，对方总是表现得很冷淡，只是朝露莎摆摆手。明知道露莎在花园里忙活，也没有说过一句"要不要帮忙"之类的寒暄话。邻居给露莎留下了一种很不懂礼貌的印象，她以后都不想主动和这位邻居讲话了。

如果你是露莎，或许也会产生同样的疑问：为什么邻居如此冷漠？

有可能你的脑海里已经闪过一些答案，但无论怎样，都不要急着下定论，试着再思考一下：为什么邻居整天都坐着？为什么她打招呼时也不站起来？如果只是因为懒的话，那么久坐也会感到累，她不需要起来活动吗？

此刻，你是否又想到了什么？这个故事并没有讲完。后来的某一天，露莎无意间经过邻居门口，恰好从另外一个角度看到了那位邻居，才发现她原来只有一条腿。

02 表象是最会骗人的

任何现象发生的背后都有原因，但真相不一定都像我们表面上看到的那样。

美国阿肯色州有一家综合性医院，周围生活的人大都是普通劳工，他们文化水平不高、性格冲动暴躁，这家医院经常发生医患纠纷。医院的管理者认为，纠纷产生的原因是患者素质较低，而当地的教育情况不可能在短期内发生质的转变。面对这样一个"无解"的难题，他们只好向专业的咨询顾问求助。

咨询顾问听过院方的陈述后，并没有把思路锁定在"解决患者素质"的问题上，而是亲临其地去观察具体的就医流程。在这个过程中，他发现了一个事实：医患关系紧张的根源并不是患者素质低，而是医院的就医流程设置存在问题。

这家医院只向患者发放一张带有个人保险号码的就医单，那些没有保险的患者拿到的则是一张白纸，需要按照护士站前的标准格式表格（仅粘贴了一张）自主填写。由于表格内容复杂、烦琐、不清晰，很多患者在填写的过程中感到非常烦躁。

这家医院的等候区设置在一楼的大厅，但没有区分科室，除了重症病人能够得到急救之外，其他人都要在大厅里按科室等候。大厅的环境十分嘈杂，患者置身于此，心情可想而知。有些冷门科室就诊数少，病人很快就能就医，而那些常见的科室则要等很久。患者并不清楚真实的情况，他们看到的是——有些人刚来就能就诊，自己等了半天还没有被叫号。

在医院做过检查和化验后，患者能够率先拿到单据的副本，而原件则要过一段时间才能被送到医生的办公室。患者拿到副本后，迫切地想要知道自己的病情，但此时医生尚未看到化验结果，就只能让患者继续等候。患者不明白为什么已经有了化验单还要等。在这种情况下，患者很容易失去耐性大吵大闹。

顾问在弄清楚事情的真正原因后，找到了这家医院的负责人，建议优化患者的就医流程：为患者提供多种就医表格；在不同区域按照科室划分等候区；将化验单据的发放顺序对调；增加医生与患者、患者与患者的沟通平台。当这些策略一一实施后，这家医院的吵闹斗殴现象有了明显的改观，医患矛盾也明显减少。

对咨询顾问来说，为客户解决最根本的问题，是其工作价值所在，但解决问题的前提是弄清楚真正的问题是什么。这一点，对于我们而言也同样适用。只有洞悉问题的本质，分析出问题真正的原因所在，才能够提出正确的解决方案，并阻断或减少同类问题的发生。

> 以事实为基础，是解决问题必须遵守的一项重要规则。不要只看问题的表面，也不要凭借主观意识去判断事实真相，要对与问题有关的资料进行大量搜集。只有依据客观的研究才能做出准确的判断，只有客观的人才能接近事实真相。

CHAPTER 2
为什么有些问题总是解决不了？

别嫌麻烦，多问几个"为什么"

01 为什么一买香草冰激凌，汽车就无法启动？

通用汽车公司下属汽车制造厂的总裁，曾经收到过一封客户寄来的"投诉信"。

客户在信中抱怨说，他新买了一辆通用汽车，只要从商店买香草冰激凌回家就无法启动，如果买其他种类的冰激凌就不会出现这样的问题。对于这一情况，制造厂总裁也感到费解，想不出什么好的解决策略。

如果让你来处理这件事，你会怎么做？也许，你现在心里已经有了思考的答案。别急，我们不妨看看通用汽车公司是怎么处理的，然后再对照一下你的答案，看看解决问题的思路是否相似。

制造厂的总裁派了一名工程师前去查看，工程师当晚就跟随这位车主去买香草冰激凌，果然在返回时车子无法启动了。工程师百思不得其解，回去向总裁汇报说问题确实存在，但一时间还无法确定是什么原因导致的。

在总裁的嘱托下，工程师随着车主一连两个晚上都去买冰激凌。车主分别买了巧克力和草莓两种口味的冰激凌，结果车子都可以正常启动。可到了第三个晚上买香草冰激凌时，车子又跟原来一样，出现了发动机熄火的现象。虽然工程师没有找到真正的原因，但他敢肯定不是香草冰激凌引发的问题！

这件事情引起了汽车制造厂的关注，总裁要求工程师一定要查明原因。在几次随车主外出的过程中，工程师对日期、汽车往返的时间、汽油类型等因素都做了详细的记录。最后,工程师发现了一些关键的线索:问题可能与买冰激凌所花费的时间长短有关。

香草冰激凌只是一个偶然的因素,因为它是最受欢迎的一种口味,售货员为了方便顾客,直接把它放在货架前,顾客如果需要购买,那么用最短的时间就可以买到,而这个时候汽车的引擎还很热,产生的蒸汽尚未完全散失。如果买其他口味冰激凌的话,时间相对长一些,汽车可以充分冷却以便启动,就不会出现发动机熄火的情况。

为什么车子停的时间很短就会无法启动呢?

工程师进一步调查研究发现,问题出在"蒸汽锁"上。虽然这是一个很小的细节,解决起来技术难度也不大,但这个问题严重影响了客户的使用。经过反复思考,工程师终于解决了这个问题。

很多时候,无法彻底解决问题,是因为没有触及问题的本质。

02 5-WHY分析法

道理易懂,可是在遇到实际的难题时,怎么做才能够找准问题本质呢?

在探寻问题本质的时候,可以借助丰田佐吉提出的5-WHY分析法,即对一个问题连续多次追问为什么,直到找出问题的根本原因。

有一天,丰田汽车公司的一台生产配件的机器在生产期间突然停了。经过检查发现,故障是保险丝断了导致的。正当一名工人拿出一根备用的保险丝准备去换的时候,一位管理者看到了,他便借助5-WHY分析法来解决这个问题。

问:"机器为什么不运转了?"

答:"因为保险丝断了。"

问:"保险丝为什么会断?"

答:"因为超负荷运转导致电流过大。"

问:"为什么会超负荷?"

答:"因为轴承不够润滑。"

问:"为什么轴承不够润滑?"

答:"因为油泵吸不上来润滑油。"

问:"为什么油泵吸不上来润滑油?"

答:"因为油泵产生了严重的磨损。"

问:"为什么油泵会产生严重的磨损?"

答:"因为油泵没有装过滤装置而使铁屑混入。"

看,只是一段简短的问答,就找出了事故的真正原因。接下来,在油泵上装上过滤器,机器就不会再超负荷运转,也不会经常烧断保险丝了。如果在一个"为什么"解决后,就停止了追问和思考,认为问题已经解决了,那么不久后保险丝依然会断,问题会反复地出现。

在使用5-WHY分析法时要注意,虽然名为"5-WHY",但在使用时并不限定只做5个"为什么"的探讨,也许是6个、8个或者更多。确定次数的原则是：不断追问下去，直到问题没有意义。这种方法看似简单，其实是在追寻事物发生背后的严密因果链。只有找到严密的因果逻辑链，才能真正地解决问题。

> 5-WHY分析法是一种从表象寻找根本原因的逆向推理分析法，它对问题的原因进行多层次探索，且有所侧重，不断地提问为什么前一个事件会发生，直到问题的根源可被归结为人的行为或直到一个新的故障模式被发现，才停止分析。

极简思维：把复杂的问题简单化

01 把哪一位科学家丢出热气球？

有一个杂志进行了一次有奖征答活动：

在一个热气球上，有三位关系着人类命运的科学家。

第一位是粮食专家，他能在不毛之地甚至外星球上，运用专业知识成功地种植粮食作物，使人类彻底摆脱饥荒；第二位是医学专家，他的研究可拯救无数人，使人类彻底摆脱癌症、艾滋病之类绝症的困扰；第三位是核物理学家，他有能力防止全球性的核战争，使地球免于遭受毁灭。

由于载重量太大，热气球即将坠毁，必须丢出去一个人以减轻重量，使其余的两人得以存活。请问，该丢出去哪一位科学家？

征答活动开始后，社会各界人士广泛参与，一度引起了某电视台的关注。在收到的应答信中，每个人都绞尽脑汁，发挥自己丰富的想象力，阐述他们认为必须将某位科学家丢出去的原因。那些给出高深莫测妙论的人，并没有得到奖金，最终的获奖者是一个14岁的男孩。他给出的答案是：把最胖的那位科学家丢出去！

既然是由于载重量太大，热气球即将坠毁，必须丢出去一个人以减轻重量，那么"重量"就是与目标最相关的因素。这个时候，最该丢出去的显然就是体重最大的那位科学家，这是解决问题最直接、最有效的选择。

02 奥卡姆剃刀

✎ 奥卡姆剃刀

奥卡姆剃刀原理，是由14世纪逻辑学家奥卡姆提出的，他在《箴言书注》中说："切勿浪费较多的东西，去做'用较少的东西同样可以做好的事情'。"简言之，如果有两个类似的解决方案，最简单的、需要最少假设的方案最有可能是正确的。

化繁为简考验的是一个人的逻辑思考能力，能化繁为简的人在遇到纷繁复杂的问题时，能够把重复、不相关、不重要的因素全部剔除，只保留与目标最相关的因素，并将它们按照叙事性的逻辑结构重新组合。

在世界商业航空领域，美国西南航空绝对称得上是一朵奇葩。当全球民用航空业都愁云惨淡的时候，它却创造了42年持续盈利的奇迹，而这个奇迹的缔造者正是西南航空公司的创始人赫布·凯莱赫。

1966年，凯莱赫正打算成立航空公司的时候，摆在他面前的问题是成堆的，且每个问题都很复杂，其中最复杂的问题莫过于：要为客户提供怎样的服务？这一问题纵然是业内的资深人士，也很难回答，毕竟每一个答案背后都会牵扯出一连串的问题。

你想为客户提供舒适的机舱环境，就要解决机内设计、机组人员培训、聘请有经验的飞行员、合理分配机舱空间等问题；你想树立一个值得信赖的品牌形象，就要选择恰当的品牌代理人，在不同的客户群体中投放不同的广告……总之，要面对和思考的问题太多了，也太复杂了，想起来就让人感觉"难以招架"。

赫布·凯莱赫是怎么应对的呢？他拿起了"奥卡姆剃刀"，把所有没必要的问题都剃掉了，选择了最简单的方式——直接问客户需要什么。结果，他得到的答案是：廉价机票！

在得出这个结论后，凯莱赫不再被乱七八糟的问题缠绕，他只专注地处理了一件事：让所有部门缩减开支，实现整体成本的降低，从而做到为客户节省每一块钱。换句话说，西南航空凭借着低价策略，在竞争激烈的航空业中脱颖而出。

思考问题的时候，有两种错误是要警惕的：第一，无论什么问题都坚持思考到底；第二，对问题的先后顺序不加以区分。这两种做法，使人很难抓住问题的实质。所以，在面对复杂问题的时候，一定要学会分解。

03 剥洋葱法

洋葱的结构是一层裹着一层，要找到最核心的部分，需要逐渐剥去外面的层皮。剥洋葱思维的技巧在于层层递进，用链式推导的方式，剔除细枝末节，直至找到问题的本质。

这一方法和5-WHY分析法有相似之处，但它不只适用于分解复杂问题，还适用于分解目标。

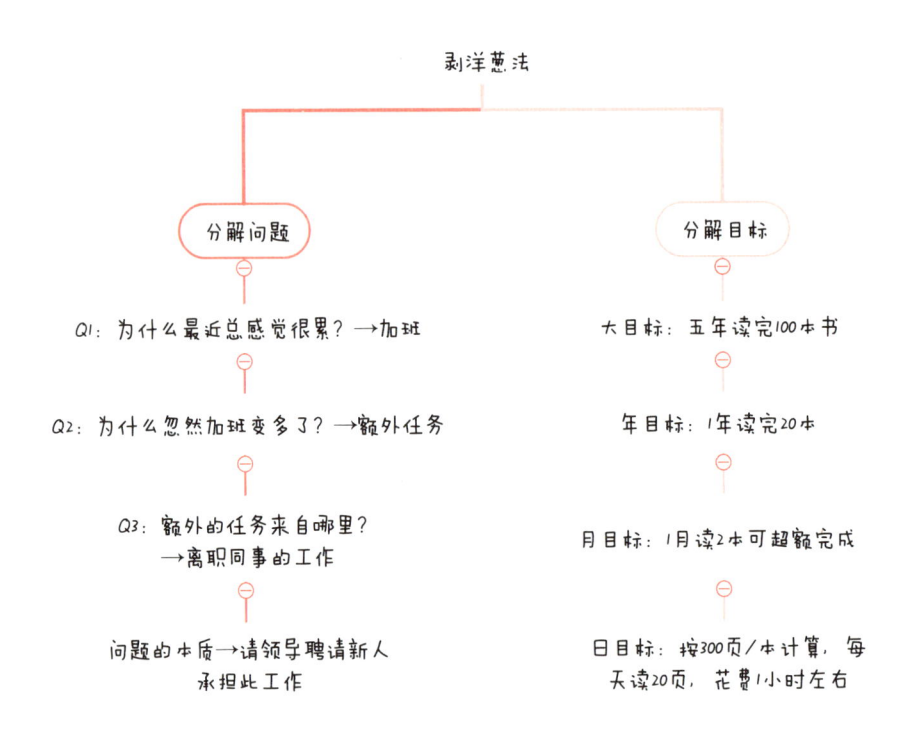

剥洋葱法

分解问题
- Q1：为什么最近总感觉很累？→加班
- Q2：为什么忽然加班变多了？→额外任务
- Q3：额外的任务来自哪里？→离职同事的工作
- 问题的本质→请领导聘请新人承担此工作

分解目标
- 大目标：五年读完100本书
- 年目标：1年读完20本
- 月目标：1月读2本可超额完成
- 日目标：按300页/本计算，每天读20页，花费1小时左右

04 多杈树法

如果用树干代表大问题，与树干直接相连的树枝就是细分问题，树枝上长出来的分枝代表更细分的问题，以此类推，最终就能够找到树叶所代表的即时问题。

即时问题，是当下立刻能够解决并看到效果的问题。在处理问题时，这类小问题最容易被解决，一个个小问题被解决掉，再往上推，就能认识到细分的问题以及大问题。换言之，大问题就是最小的即时问题的总和。

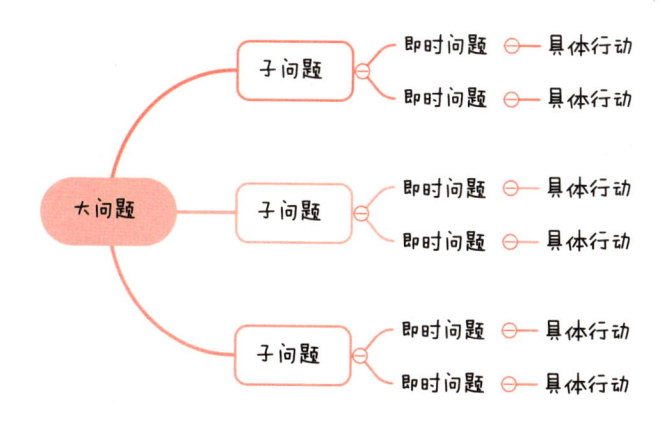

```
                    ┌─ 即时问题 ─── 具体行动
            ┌─ 子问题 ┤
            │       └─ 即时问题 ─── 具体行动
            │
            │       ┌─ 即时问题 ─── 具体行动
   大问题 ──┼─ 子问题 ┤
            │       └─ 即时问题 ─── 具体行动
            │
            │       ┌─ 即时问题 ─── 具体行动
            └─ 子问题 ┤
                    └─ 即时问题 ─── 具体行动
```

美国通用电气公司前CEO杰克·韦尔奇说过:"你简直无法想象让人们变得简单是一件多么困难的事,他们恐惧简单,唯恐一旦自己变得简单就会被人说成是头脑简单。而现实生活中,事实正相反,那些思路清楚、做事高效的人正是最懂得简单的人。"

分解问题是解决问题最有效率的思维方式,具体要怎样分解,因人而异、因事而定。但我们要具备这种求易思维,追求简单,事情就会变得越来越容易;反之,任何事都会对我们产生威胁,让我们感到棘手,我们的精力与热情也会跟着下降。

> 为了提高效率,每做一件事情时,我们都应该先问三个"能不能":能不能取消它?能不能把它与别的事情合并起来做?能不能用更简便的方法来取代它?

逻辑学与生活

逻辑高手都在用MECE分析法

一位妈妈带着年幼的女儿到师范大学参观，她们一起游览了校园，看到了教学楼、操场、图书馆，也看到了学生和老师。这时，女儿问了一句："妈妈，师范大学在哪儿呢？"

在这个情景中，孩子把大学和自己所参观的个别设施放在了同一个范畴里。年幼的她并不知道，大学和她所看到的教学楼、操场、图书馆等个别设施，是一种包含与被包含的关系，而她却将其视为并列关系，这就是逻辑学上的范畴错误。

01 什么是范畴错误？

范畴错误，也称范畴失误，是指将既有的属性归属到不可能拥有该属性的对象上，是语义学或存在论的错误。比如"哈佛大学的面积排第几"，这句话就属于范畴错误。哈佛大学是世界名校，它的面积大小不影响其在世界名校中的地位和影响力。

范畴是最基本的分类，小孩子对很多常识尚不了解，经常会犯范畴错误，他们不太懂得分门别类，也很难体会多个并列关系组合起来的综合性范畴。成年人虽然很少犯简单的范畴错误，但在解决实际问题或对复杂事物进行分门别类时，也可能会出现逻辑上的混乱。

文森是一位细心且好学的媒体运营编辑，平时看到有用的内容就会保存下来，并标记好来源。在给公司撰写推广文案时，他经常会打开资料库翻一翻，找找灵感或思路。

可是，时间久了，所有资料全部集中在一个大文件里，没有分类、没有标签，整体显得很无序，导致他每次找资料都要花费不少时间，还不如直接在网络上找寻相应主题的书籍或文章来阅读。

随记是积累素材的重要方法，但要发挥出它的价值，还需要掌握正确方法，对所有资料进行有序管理，如分为不同的文件——管理、思维、心理、习惯等，以便需要的时候能精准地找到相关内容，提高做事效率，减少不必要的时间浪费。在解决这类实际问题上，有一个分析工具有着特别的优势，那就是MECE原则。

02 MECE原则

MECE是芭芭拉·明托在《金字塔原理》中提出的一个重要原则，全称是"Mutually Exclusive, Collectively Exhaustive"，即相互独立、完全穷尽，意指对于一个重大的问题，能够做到不重叠、不遗漏地分类，有效地把握问题的核心，最终得出解决问题的方法。

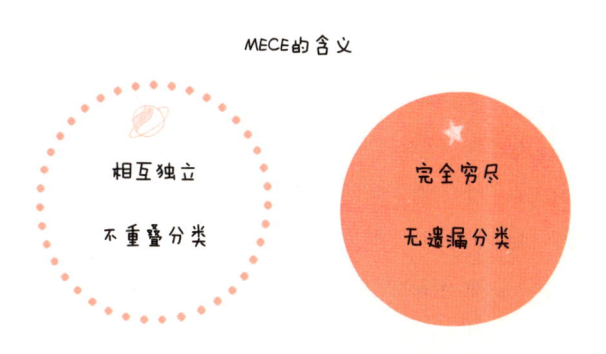

MECE的含义

相互独立
不重叠分类

完全穷尽
无遗漏分类

MECE以最高的条理化和最大的完善度，让我们在思考问题时能厘清思路，进入简明扼要的逻辑思考中，避免思维上的以偏概全和逻辑混乱。那么，MECE分析法具体如何使用呢？

○Step 1：明确要面对的问题

先识别当下遇到的问题是什么，以及想要达到什么样的目的。范围决定了问题的边界，能避免我们漫无目的地寻找材料，一旦让材料引领整个分析过程，就会导致分析的逻辑变得混乱。

○Step 2：寻找合适的切入点

寻找切入点的最好方式是分析"问题"和"目的"，即希望通过资料解决哪些问题，得出什么样的结论。如果想不出合适的切入点，可以先思考一下材料呈现的整体特征，再找出与之相对应的概念。另外，也可以先列举出现有资料的特征，然后对这些特征进行归类。

MECE的切入点往往不止一个，擅长MECE思考的人，会从不同角度和立场去拆解一件事或一个问题。所以，在使用MECE分析法时，要尽量从不同的角度去思考，这样才能找到最有助于解决问题的逻辑线。

○Step 3：细分层级控制在三个以内

在对资料、问题或答案进行分类后，还可以继续用MECE进行细分，但整个结构最好控制在三个层级之内。过细的分类会导致结构级别增多，降低检索和浏览的效率。

○Step 4：检视是否有遗漏、重叠或错误

MECE原则最大的优势就是可以让思考更结构化，不重复、不遗漏。分完类之后，必须好好地检视，查看是否有明显的重复或遗漏，有没有项目被错误地归到了不属于它的框架中。如果有些项目根本没有归属，也可以将其划归到"其他"门类中。

通过上述的4个步骤，再烦琐的问题、再庞杂的资料，都能够建立起逻辑框架，继而被拆解开来，并得到最终的解决。MECE在概念上并不算难，但需要在日常工作和生活中不断进行刻意练习，才能实现灵活运用。

> 在运用MECE原则时,要始终记住分类和拆解的目的是什么,不能为了拆解而拆解;对同一事物,可以从不同的维度去分类和拆解,但要保证同一层级在类别或属性上保持一致。

CHAPTER

3

世界纷繁复杂，怎样
分辨真假对错？

LOGIC AND LIFE

汪伦是怎么"忽悠"李白的?

提起《赠汪伦》,大家都耳熟能详:"李白乘舟将欲行,忽闻岸上踏歌声。桃花潭水深千尺,不及汪伦送我情。"令很多人好奇的是,这个汪伦到底是什么人呢?

唐天宝年间,大诗人李白来到当涂,旅居在他的叔父李阳冰家中。住在泾县的汪伦,是李白的忠实粉丝,他听闻这个消息后十分激动,就想给李白修书一封,邀请偶像到家中做客。可是,两人之前素未谋面,这封信要怎么写才能让李白乐于赴约呢?

思考一番后,汪伦心生一计,下笔写道:"先生喜欢游览美景吗?这里有十里桃花。先生喜欢饮酒吗?这里有万家酒店。"

李白平生最喜欢旅游与饮酒了,他看到汪伦在信中描述的美好画卷,不禁陷入了憧憬中,很快就启程赴约了。然而,赶到了泾县之后,他并没有看见信中描绘的十里桃花与万家酒店。这时,汪伦拿出了自己珍藏许久的用桃花潭水酿成的美酒,笑着向李白解释说:"桃花者,十里外潭水名也,并无十里桃花;万家者,开酒店的主人姓万,并非有万家酒店。"

潇洒豁达的李白,听后并没有恼羞成怒,反倒被汪伦的盛情款待感动了。之后,他在汪伦家连住数日,两人饮酒对诗不亦乐乎。可惜,天下没有不散的筵席,李白临走那天,汪伦在桃花潭的码头为其设宴送行,李白感动之际赋诗一首,即名作《赠汪伦》。

01 概念是逻辑学的基础

讲述完李白与汪伦的相识故事,我们就要研究一下这里面的"逻辑学"了。

概念是逻辑学中最基本的元素,认识逻辑要从认识概念开始,只有明确概念,才能进行正确的判断与思考。汪伦深谙这一点,他知道李白喜欢旅游和饮酒,故意在信中用"十里桃花"和"万家酒店"作为诱惑,让李白误以为这里有"方圆十里的桃花林"和"上万家酒馆"。也就是说,在同一封信中,虽然汪伦和李白看到的词语都是"十里桃花"和"万家酒店",但这两个词语在概念上却是有歧义的。

概念

概念是思维的最基本形式,人的一切思维活动都是通过概念表达出来的。在不同的语境之下,同一词语可以表达不同的概念,此时就会使语言产生歧义。

相传,公元前6世纪时,吕底亚国王克洛伊索斯为了一件事苦恼不已,他不确定要不要进攻居鲁士的波斯帝国。由于迟迟无法作出决策,他决定向德尔菲神庙求助。

神谕告诉他,如果与居鲁士开战,他将摧毁一个强大的王国!

逻辑学与生活

听完神谕，克洛伊索斯毅然选择开战，没想到最后却被居鲁士击溃了。溃败之后，他痛苦地来到神庙诉苦，埋怨神给自己出了一个"馊主意"。

真是神谕的错吗？古希腊历史学家希罗多德认为，克洛伊索斯不该抱怨神，他应该做的是派人去问神：您说的"王国"到底是克洛伊索斯的还是居鲁士的？可惜，克洛伊索斯没这么做就贸然进攻了，要怪也只能怪他没弄清楚概念。

02 概念的内涵与外延

明确概念，要准确地把握概念的内涵与外延。

概念的内涵，是反映的对象的本质属性，说明事物是什么、有什么特点。

概念的外延，是反映的对象的类别，说明事物的范围和数量，即包含什么。

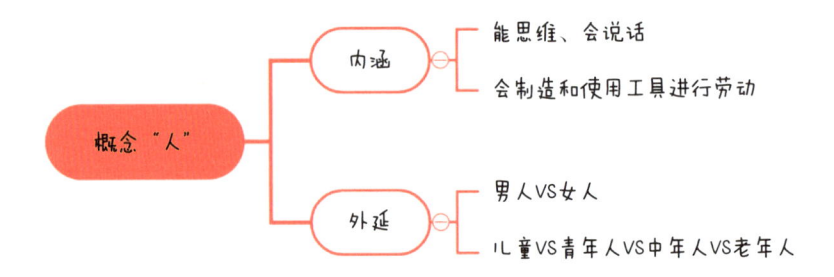

```
                  ┌─ 能思维、会说话
         ┌─ 内涵 ─┤
         │        └─ 会制造和使用工具进行劳动
概念"人" ─┤
         │        ┌─ 男人VS女人
         └─ 外延 ─┤
                  └─ 儿童VS青年人VS中年人VS老年人
```

任何概念都有内涵与外延，如果概念之间的内涵与外延不同，那就是不同的概念。如果确定了一个概念的内涵，则其外延也随之确定。反之，如果知晓了一个概念的外延，那么其内涵也随之清楚。不能准确把握概念的内涵与外延，就很容易闹出误会。

法国作家雨果出国旅行到某个国家的边境，宪兵要检查登记，就问了他一些问题。

宪兵："姓名？"

雨果："雨果。"

宪兵:"做什么的?"

雨果:"写东西的。"

宪兵:"靠什么谋生?"

雨果:"笔杆子。"

于是,宪兵在登记簿上写道:"姓名,雨果;职业,贩卖笔杆。"

上述的笑话就是由于宪兵和雨果对"笔杆子"这一概念的理解产生了分歧而产生的。雨果使用的是"笔杆子"的外延,也就是"写作";宪兵理解的是"笔杆子"的内涵,认为雨果是"贩卖笔杆子的"。

03 概念的种类

根据概念的外延大小,可将概念分为单独概念、普通概念和空概念。

单独概念→人名

普通概念→植物

空概念→神仙

根据概念所反映的是实体还是属性,可将概念分为实体概念和属性概念。

实体概念→医生、医院

属性概念→聪明、善良

根据概念所反映的对象是否为集合体,可将概念分为集合概念与非集合概念。只有在具体的语境中,才能判断概念是集合概念还是非集合概念。

集合概念→森林、人类

非集合概念→树、人

历史老师问学生:"你是怎样认识孙中山的?"

学生回答:"老师,我不认识孙中山。"

老师说的"认识",是指对孙中山这个历史人物的理解和评价;回答问题的同学所说的"认识",是指日常生活中的交往。如果后者是因为没听明白问题才这样说,那他是犯了"偷换概念"的逻辑错误;如果他是因为功课没学好才这样说,那就是故意偷换概念了。

父亲指责儿子:"整天游手好闲,好吃懒做,你以后打算怎么办?"

儿子狡辩说:"您经常说,中国人民非常勤劳,我也是中国人民,我怎么会懒呢?"

父亲说的"中国人民非常勤劳"这句话里的"中国人民",是一个集体概念,并不指某一个中国人,而是全体中国人民的共性;儿子说的"我也是中国人民"这句话里的"中国人民"则是一个个体概念,即我是中国人民中的一员。虽然两个词语都是"中国人民",但意思却不一样,概念不统一,俨然是逻辑谬误。

04 明确概念的方法

明确概念的方法1:限制

概念的限制,是指通过增加概念的内涵来缩小概念的外延,由属概念过渡到种概念以明确概念的一种逻辑方法,即从一个外延大的概念过渡到一个外延小的概念的过程。限制有助于深化认识,有利于具体、准确地表达思想,恰如其分地反映客观事物。

人→女人→名女人→单身名女人

明确概念的方法2:概括

概念的概括,是指通过减少内涵以扩大外延,从而由种概念到属概念的一种逻辑方法。概括能够使概念抽象化,当一个定义过窄时,就可以用概括的方法去明确其概念。

单身名女人→名女人→女人→人

在学习逻辑思维时，判断和推理往往备受重视，概念则易被忽略。实际上，概念是整个推理的基石。作为思维的起点和细胞，概念的明确和清晰对于后续的命题真假判断以及推理创造新知识等思想活动具有重要的作用。如果概念不明确，就不能正确反映客观事物及其特性和本质，也就无法用它来进行正确的推理和判断，因而也就无法进行逻辑思考了。

> 一切真实可能的东西，都不可能是其他的东西。在这些条件与情形下，不可能出现其他的东西。
>
> ——黑格尔《逻辑学》

逻辑学与生活

多年的朋友一定不会骗你吗?

老赖向大方借钱,说孩子生病住院,实在是没办法了。大方之前在别人那里听说老赖染上了一些"恶习",心里犯了一点儿嘀咕,可最后还是借钱给了老赖。他心想:"老赖从小和我一起长大,我们认识三十多年了,他本性不坏,肯定不会骗我。"

两周以后,老赖被抓了,原因是聚众赌博。

回想一下,在过往的经历中,你有没有过这样的想法:

"我和他是多年的朋友,所以他一定不会骗我。"

"明天就要见面了,所以明天肯定是个好日子。"

"快过节了,超市的商品应该会有很大的折扣。"

……

扪心自问:你的这些论断都得到印证了吗?事实和你想得一样吗?

答案恐怕是——不尽然。

01 人总是相信自己愿意相信的事

✎ 一厢情愿

以自己单方面的想法作为论证依据,在逻辑学上叫作一厢情愿,是一种常见的谬误。简单来说,就是以个人的好恶和个人意愿来判断,总是相信自己愿意相信的事,相信让自己感到快乐舒心的事。

为什么我们要这样做呢？最根本的原因就是，我们想要逃避现实、回避真相。

有个女孩染上了严重的"公主病"，自信心过剩，要求男朋友像对待公主那样对待她，什么事都要以她的想法为中心，处处迁就她。有一次，男友的母亲脚扭伤要去医院，但这个女孩却要求男友先送她到车站，理由是：男朋友就应该送她。在她的思维里，男友就得围着自己转，对自己言听计从。结果，男友不堪忍受，提出了分手。

我们所希望的，只是我们内心的愿景和期盼，与事实毫无关系。

世界不会因为你渴望成为"公主"，就让你身边所有的人都围着你转。偶尔无伤大雅的一厢情愿，不过是我们害怕面对失望时的正常反应，可像这种荒谬之极的一厢情愿，就是自欺欺人了。

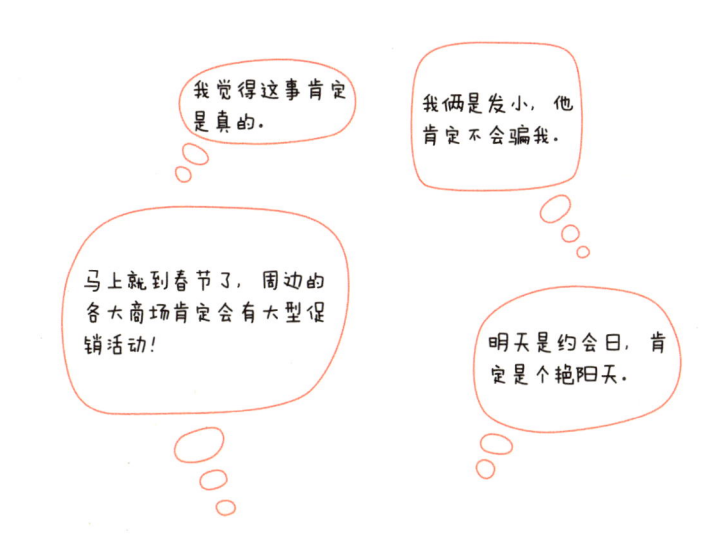

> 我觉得这事肯定是真的。

> 我俩是发小，他肯定不会骗我。

> 马上就到春节了，周边的各大商场肯定会有大型促销活动！

> 明天是约会日，肯定是个艳阳天。

02 一厢情愿的后果

当一厢情愿的思维独占大脑，挤掉了理性，会发生什么事呢？

假设你是一位飞行员，当你在飞行中某一次看油表的时候，突然发现燃油快用完了。此时，飞行任务还剩下1/3，试问：你会如何应对这个意外？

○第1种想法：可能是油表出了故障，继续飞行

这种思路是假定飞机还有燃料，只是油表出了问题，因为从理论上来说，燃料应该没有用完。那么，这一思路有问题吗？据此采取行动靠谱吗？

——不靠谱！油表出错的可能性极低，概率几乎只有1%。所以，燃料很可能就要燃尽，这会导致飞机从高空坠落，无法避免人员伤亡，而你也在其中。

○第2种想法：忽略油表的提示，完全不在意

这种思路是典型的鸵鸟心态。当鸵鸟遭遇危险时，会把头埋进沙子里，它以为看不见问题，问题就不存在了。问题会因为任何人的逃避和恐惧而消失吗？

——不会！当你选择忽视危险时，危险不会消失，通常它只会使麻烦像滚雪球一样，越滚越大，这也是我们要考虑与感知现实的重要原因。

○第3种想法：油表是正确的，但可能有例外情况

这种思路就有点异想天开，假定油表没有问题，期待自己的飞机是个特例，存在特殊情况，比如不需要燃料也可以飞行，或者消耗燃料的方式与其他飞机不一样。

——醒醒吧！当飞机燃料耗尽时，无论它是什么机型，由谁来驾驶，都免不了坠落的结局。这就是现实原则，没有办法可以回避，也不存在例外，对任何人而言都如是。无论你知不知道这一原则，当燃料燃尽，灾难都会降临。

03 直面现实才是理智

上述的三种想法都属于一厢情愿的思维，不肯、不敢面对现实，结果就是

在自我安慰与自我欺骗中陷入更深的困境。那么，真正理性的做法是什么呢？

——直面现实！选择降落加油，先保住性命，第二天再继续飞行。

面对不合理、不合预期或不可预料的事情时，一厢情愿的思维会让我们感到温暖、快乐、踏实、惬意，暂时"远离"烦恼与不安，但这不是处理问题的正确方式。

生活不是童话，我们必须直接而理性地接受生活的考验，依照实际状况拿出对策，提出合理且可行的计划，才能够阻止事态变得更糟。

> 我们应当尽量避免掉进一厢情愿的思维模式中，不肯、不敢面对现实，往往会让我们在自我安慰与自我欺骗中陷入更深的困境。

逻辑学与生活

权威说的话，到底能不能信？

01 你敢回答"1+1=2"吗？

罗素说："数学可以被定义为一个我们永远不知道自己在谈论什么，也不知道自己所说的是否正确的学科。"关于"1+1=？"的问题，他在《数学原理》中用了362页推导出"1+1=2"。

可是，当这道题被搬到了哲学系的课堂上，导师在黑板上写下"1+1=？"时，在座的学生们却不敢用正常思维去看待这个问题，而是给它提供了无数种假设：

1+1=虚无？1+1=力量？1+1=永恒？1+1=爱情？

如果你就在这个课堂上，你会不会直接写出答案"2"？

为什么在真理面前，我们不能或不敢"无知"地想到"1+1=2"？

这是因为，由于存在"崇拜权威"的心理，人们在面对事物时，认知无法与客观事物及其规律相一致，从而做出了错误反应。

"权威"是一个外来词，英语中的"权威"除了有权力和影响力的意思外，还有另外两层含义：第一，被用来支持一个观点或行为的人或事物；第二，一个权威性陈述的作者，或为人所尊敬的人物或其作品。

在人们心目中，权威的意见是最值得信任、参考和借鉴的。想要解释一件事时，人们往往会选择引用名人名言，特别是一些行业领袖的话，来支持自己的观点。由于这些人本身具有强大的影响力和说服力，适当地引用以补充、充实证明论题的论据，有一定的可取价值。

不过，在论证的过程中，也要重视收集和列举其他事实或普遍规则来作为证据，因为即便是权威说的话，也未必代表真理，它本身也存在局限，应当受到逻辑与实践的拷问。

02 诉诸权威的谬误

在逻辑学中，以权威人士的只言片语为论据来肯定一个论题，或者以权威人士从未提出过某命题为论据来否定一个论题，都属于诉诸权威的谬误。

——"为什么你突然迷上香水了？"

——"可可·香奈儿说了，不用香水的女人没有未来。"

可可·香奈儿是时尚界的名人，但她说的这句话，能否代表事实与真理呢？

不可否认，香水能够为女性增添魅力，但并不是每一位成功的女性都喜欢用香水；也不是每一个用了香水的女人，都可以借助香水的魅力获得绚烂的未来。如果仅凭借可可·香奈儿的权威性来支撑"不用香水的女人没有未来"这一论题，是违背充足理由律的。

权威具有相对性、多元性、可变性、时效性四个特点，这也提示我们，在引用权威的时候，需要注意以下三个问题：

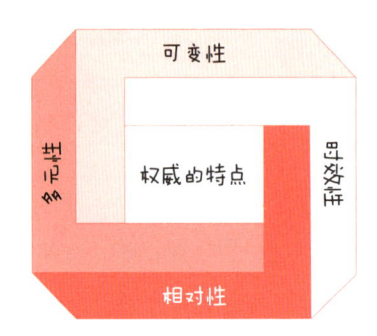

○ 问题1：所诉诸的权威必须是论题所在领域的权威

隔行如隔山，某一专业领域的权威，不一定对其他领域的问题也精通。倘若是文学领域的问题，引用军事领域权威的话作为论据，就不是在恰当领域诉诸真正意义上的权威。

○ 问题2：不要诉诸"过期的"权威，注重权威的时效性

如果忽略了时代的变革和发展，就等于是在静止地看待问题，犯了形而上学的错误。

○ 问题3：所诉诸的权威秉持的观点，要在诸多权威中间形成普遍共识

某观点只是某一权威的个人意见，或在权威之间存在争议，就不适宜将其作为论证的论据。

总之，我们要警惕诉诸权威的谬误，对权威说的话要多一些反思，少一些盲从。

> 在引用权威言论时，要确保所引用的权威言论在所讨论的话题方面是公认正确的，且不能只是说"××认同某观点，因此我们也当认同"，还要充分阐述该权威所依据的理由或者论据。

从来如此，便对吗？

01 不信《圣经》就不算基督徒？

露丝："美国科幻电影《星际穿越》里的科学家说，穿越者所在的星球上的1小时等于地球上的7年，这在现实中有可能是真的吗？"

凯特："《圣经》上我们的先知早就有过相似的说法，当然有可能是真的了！"

露丝："《圣经》上的说法都是可信的吗？"

凯特："你我都是基督徒，你不信《圣经》还算是基督徒吗？"

露丝："……"

无论《圣经》里是不是真的有类似的说法，也不管《圣经》里边包含了多少真理，但就上述对话而言，凯特的这种言说方式，没有任何论证的效力。在逻辑学中，如果有谁把这种言说当作学术论证的一种，那就是犯了诉诸传统的谬误。

02 诉诸传统的谬误

诉诸传统，就是把传统视为判断是非的唯一标准，特别是把历史悠久的传统作为判断是非的标准，这是不符合逻辑的。

诉诸传统有两种极端谬误：一是诉诸年代，即主张过去的一些古老传统，只要沿袭下来的就是对的；二是诉诸新潮，即主张某想法是新时代的潮流，因而是好的。两者都是走极端，旧时的传统未必适用于现代，新潮的也未必就是好的。

有一对夫妻，丈夫好吃懒做，工作不努力，赚到的钱刚够养活自己；妻子勤奋能干，在公司担任主管，养家还贷全靠她。妻子从未嫌弃丈夫，只是提出让丈夫多分担一些家务。某日，妻子下班后，发现厨房凌乱不堪，就让丈夫来收拾。丈夫有点儿不乐意，就开始跟妻子辩论。

丈夫："自古以来，家务活都是女人做的，你让我做，这本身就有问题。"

妻子："按照你的逻辑，自古以来，男人都是主外的，那你应该去外面赚钱养家。如果你能赚钱养家还贷，那我很乐意在家扫地、洗碗、做饭。"

丈夫："我怎么没有赚钱养家呀？难道只有你一个人上班？"

妻子："不要打岔，我们在说做家务的问题。你说了，按照传统，女人应该做家务，对不对？如果这样的话，我是不是要辞去工作，在家做全职太太？"

丈夫："没问题啊，只要你愿意。"

妻子："我明天就辞职，刚好我们公司在裁员。你放心，我会把家里收拾得干干净净，把家务活做得很好。"

丈夫见妻子真生气了，小声说了一句："如果真是那样，日子怎么过啊？"

妻子叹了一口气，说："那不就得了！我在外面努力工作，已经分担了你赚钱养家的负担，你在家里多做点家务，帮我分担一些，有什么不行的呢？"

最后，丈夫被说服了，乖乖地去洗碗做饭了。

在夫妻两人的辩论中，丈夫提到了"自古以来，家务活都是女人做的"，这是把古时候的一些传统习俗拿出来作为论据。每个国家和民族都有其流传下来的传统，但这些传统中，有的是精华，有的是糟粕，我们要汲取精华，剔除糟粕。如果把传统视为判断是非的唯一标准，特别是把历史悠久的传统作为判断是非的标准，是不符合逻辑的。

时代在进步，人们的生活方式和思想观念也在进步。过去，女性的社会地位较低，接受文化教育的程度较低，这种客观情况导致了多数女性都只能在家里相夫教子。但随着社会的进步，女性也开始接受和男性一样的教育，并像男性一样在社会中工作，具备了独立的经济能力和独立的思想意识，若再用古代的传统去要求女性，就不合适了。

> 对待传统，我们要辩证来看，不能"一刀切"，既不能说传统就是好的，也不能说传统就是不好的，新潮的才是好的。好与不好，要尊重现实，也要具体问题具体分析。

逻辑学与生活

本命年不穿红袜子会怎样？

妈妈："你买红袜子了吗？"

女儿："红袜子多难看呀，怎么穿？"

妈妈："今年是本命年，你必须买一双穿上！"

女儿："为什么非得穿呢？"

妈妈："走鸿运，踩小人！"

类似"本命年穿红袜"这样的说辞，相信你还能补充一大堆：

——"把可乐罐绑在婚车上，噪声能驱走不干净的东西。"

——"他从梯子下走过，一年后他死了！"

——"这条河有不干净的东西，几乎每年都淹死人。"

——"黑猫不吉利，看见了就要躲开。"

……

也许，那条河每年淹死人是事实，但怎么能证明河里有不干净的东西？更何况，那不干净的东西是什么呢？现实中存在吗？是不是那条河本就明令禁止"游野泳"呢？若是明令禁止游泳，却不听劝阻执意下水，本身是不是涉险行为呢？

也许，有人在本命年穿了红色衣服、红袜子，确实平平安安地度过了那一年，且运气还不错，但那真的跟红衣服、红袜子有关系吗？有没有本人努力的成分，或其他因素影响呢？

01 荒唐的迷信

迷信

所谓迷信，就是对某个不变的事物进行唯一的极端相信。神灵鬼怪等超自然的东西，毫无存在根据可循。一切迷信都是荒谬的，迷信是一种愚蠢的行为，因此也可称为愚信。

我们一直强调，要多一点科学精神，破除迷信和伪科学。

科学是允许自我证伪的动态开放的可靠方法，讲究的是形式逻辑和证据。迷信却是无条件接受，不允许质疑，没有形式逻辑，不需要可靠证据，是盲目的相信，没有理由的相信。

南昌大学原校长周文斌，迷信风水到了近乎荒唐的程度。他打着"讲授易经知识"的旗号，安排风水先生登上大学的讲坛，还以学校的名义聘请风水先生担任学校的顾问。

当该校领导班子从老校区搬入新校区的办公楼后，周文斌还请了一位风水先生为他看风水。为了所谓的辟邪和保障仕途顺利，周文斌听从风水先生的建议，在新校区行政办公楼前广场的特定位置埋了一些东西。

很遗憾，周文斌的一番做法并没有让他官运亨通。最后，他因涉嫌受贿、挪用公款被举报，被法院判处无期徒刑，并没收个人的全部财产。风水先生给他设计的家居布局和各种辟邪之道，都没能"保护"他。

学校是传播科学和文化的地方，可笑的是，在高等学府担任校长的周文斌却迷信风水到这般地步，着实令人惊叹又费解。

02 迷信靠什么迷惑人？

迷信到底是怎样迷惑人的呢？

答案并不复杂，迷信让人从思想上脱离现实——当我们应该关注真实的事物时，迷信却让我们把时间浪费在思考虚假的事物上。

——"黑猫不吉利，看见了就要躲开。"

躲避黑猫是有宗教渊源的，早在中古时代，就有女巫会化身黑猫的说法。所以，只要看到黑猫，人们就会认为那是女巫变幻的。

——"他从梯子下走过，一年后他死了。"

从梯子下走过，有可能会被掉下来的东西砸到，这个危险是真实存在的，就好比在路上行走存在被车撞到的可能。但仅仅是有这种可能，不是必然。迷信让人从思想上脱离了这一现实，让人"觉得"从梯子下走过，就会让自己的人生走霉运；让人相信"从梯子下走过"这件事会对"命运"产生不好的影响。

> 在面对社会生活中的"迷信"现象时，要保持清醒的头脑，主动加以抵制，不要为了无中生有的迷信浪费时间、精力和财富，那是一种自我迷执，没有任何意义。

CHAPTER 3
世界纷繁复杂，怎样分辨真假对错？

当谎言重复了一千遍以后

01 指鹿为马

秦朝二世时，宰相赵高手握朝政大权，因担心群臣中有人不服，他心生一计。

某日上早朝时，赵高牵来了一只鹿，告诉秦二世说："陛下，这是我献给您的宝马，一天可以走千里，一夜可以走八百里。"秦二世听后，大笑说："丞相啊，你在跟我开玩笑吗？这明明是一只鹿，你却说是马，这也错得太离谱了。"

赵高辩解说："这确实是一匹马，陛下您怎么说是鹿呢？"

秦二世觉得诧异，就让群臣百官来评判。大家都知道，说实话会得罪宰

相，说假话又是欺君，就都默不作声。这时，赵高盯着群臣，手指着鹿，问道："大家看看，这样身圆腿瘦，耳尖尾粗，不是马是什么？"

群臣畏惧赵高的势力，知道不说"是"不行，就纷纷附和说："嗯，确实是马。"赵高很得意，秦二世也被弄糊涂了：明明是鹿，为什么大家都说是马呢？他开始怀疑自己的看法，以为那真的就是一匹马。

02 重复谎言

一只动物是鹿是马，还需要思考吗？还会弄错吗？笑过之后，我们需要理性地思考一下：为什么大臣们的言论会让秦二世动摇自己的看法，最终混淆是非，分不清鹿与马？

重复谎言

不断地重复一个虚假的观点，会增加逻辑的合理性，哪怕没有进一步提供论证或支持，也可以削弱论敌的反驳，让人误以为事实就是那样。

戈培尔曾说："重复是一种力量，谎言重复千遍就会成为真理。"

戈培尔是什么人呢？他是纳粹德国时期的国民教育与宣传部部长，擅长讲演，号称"宣传的天才"。在纳粹时期，他就是用重复谎言的方式，利用广泛的宣传渠道，不断向社会重复传播纳粹思想，成功地给群众洗脑。对此，戈培尔本人解释说："如果你说的谎言范围足够大，并且不断重复，人民最终会开始相信它。"

为什么重复的信息会产生如此大的影响力呢？

心理学家认为，原因有两点：其一，人们比较愿意相信自己熟悉的人和事，重复会带来熟悉感和安全感，增加可信度；其二，人们通常只记得听说过某事，却不太容易记得是从哪里听说的，当一个信息不断被重复时，人们就会产生信源记忆错误，误认为是多方听说得来的信息，故而觉得可信。

从逻辑学上来说，不断地重复会增加逻辑的合理性，让人误以为事实就是那样，但事实真的是那样吗？谎言真的可以变成真理吗？显然是不能的！我们必须警惕重复，这是一种错误的逻辑，没有进一步阐述论点，再多的重复也跟事实无关！

这种谬误不过是在诉诸心理因素，而不是诉诸理性。重复谎言的谬误是在否认事实，百般抵赖，甚至是睁着眼说瞎话。但谎言终究是谎言，虽能蒙蔽所有人一时，却不能蒙蔽所有人一辈子，也永远不可能变成正确的逻辑。

03 诉诸大众

诉诸大众

在论证一个观点时，不是阐述支持论点的论据以及论据与论点之间的因果关系，而是以该论点得到了多数人的赞同为理由，就叫作诉诸大众。诉诸大众最典型的表现形式就是：因为多数人都认为它是对的，所以它是对的。

当赵高指鹿为马时，秦二世原本是不相信的，可是当群臣都说"鹿就是马"时，秦二世动摇了。别有用心的赵高，自然知道群臣们是为了迎合他而说谎，他也故意利用了这一点，让秦二世动摇——"你看，大家都说这是马，还会错吗？"

在此，我们必须指出：诉诸大众不是逻辑推理，而是利用了人们的不自信、盲从等弱点，从而对人的心理起到操控和迷惑作用。让这种操控发挥作用的心理支撑，正是从众心理。

1951年，美国心理学家阿希设计了一个实验：他把被试进行分组，每组7人，在同一个房间依次回答一个简单的问题。事实上，每组的前6个人都是实验人员，真正的被试只有第7个人。实验在多组人中进行，前面回答的6个人会故意选择同一个错误答案，以此来测试被试的从众倾向。

结果，在这些真正的被试中，至少有75%的人，有一次错误的从众选择；有5%的人，从头到尾都选择了错误的答案；只有25%的人，一直坚持自己的选择。

实验的测试题是很简单的，且被试都是大学生，但测试结果还是令人瞠目。大家想想：如果题目的难度再大一些，被试者是素质参差不齐的群体，情况又会是什么样呢？

人们总是希望自己的观点能得到多数人的认同；反之，多数人都认同的观点也会对个体的判断产生压力。但是，我们必须清楚一个事实：在从众心理驱使下的多数人的意见，无法作为是非判断的标准，也无法作为论证某个论点的论据。一个观点正确与否，与多少人赞同它、多少人反对它，没有必然的因果关系。检验真理的标准是实践，而不是人数的多少。

> 无论何时，我们都应该好好运用理性思考与现实验证能力，减少被洗脑和误导的可能。

结果是好的，观点就是对的吗？

01 你相信"这些话"吗？

相传，美国曾因参战需要动员年轻人入伍，过惯了安逸生活的美国青年，因害怕战场上的危险纷纷抵制征兵令。为此，地方的行政长官很苦恼，不知如何向上级交代。

在这个节骨眼上，有位士兵毛遂自荐，说他可以帮长官解决难题。行政长官半信半疑，可又没有更好的办法，只好让这位士兵一试。

到了征兵现场，这位士兵开始发表"动员"演讲——

"亲爱的朋友们，我和你们一样，特别珍惜自己的生命。我想说的是，热爱生命是无罪的，因为每个人的生命都只有一次。摸着良心说，我也十分厌恶战争，恐惧死亡，如果要求我去前线，我也会跟大家一样，逃避这项命令。"底下的年轻人见他说的话很"贴心"，便安静下来，听他后续的演讲。

"有时候，我们需要换位思考。假如，今天我处在你们的位置，我在担心参军的危险之余，还会存在一种侥幸心理，且这种侥幸不是凭空的：如果我服兵役，上前线的概率是50%，那么还有50%的概率留在后方；即使上前线，我作战的概率是50%，还有50%的概率是成为某长官的贴身勤务员，留在安全区工作；万一我不幸必须扛枪上战场，那么我受伤的概率仍是50%；就算我不幸受伤，受重伤的概率依然是50%，还有50%的概率是轻伤，死神会眷顾我。所以，我有什么理由过分担心呢？

"也许你会说，万一运气不好受了重伤怎么办？我想告诉你，医生会帮助我们，从死神的手里夺回我们的生命。当然，如果运气糟糕透了，不幸为国捐躯，那么我的家人会为我感到骄傲，我的父母会被授予一枚特别的勋章，还能领取到一笔数额可观的保险金和抚恤金，邻家的孩子们会把我当成英雄一样尊敬。当我以一名勇敢战士的身份来到天堂时，说不定还可以见到万人敬仰的华盛顿将军！"

听完这些话，底下的年轻人受到了莫大的鼓舞，他们表示愿意赌一把。也许他们是想成为英雄，被亲人、朋友、邻居铭记于心；也许他们家境不好，想着万一为国捐躯，还能给家人留下一笔可观的抚恤金……不管怎样，他们真的被说服了。

如果你在这群青年之中，你会相信这位演讲者的话吗？

如果不相信的话，你能否指出演讲中的逻辑错误？

02 演讲稿里的谬误

单从演讲的角度来说，这位发言者深谙换位思考的艺术，他所说的话也有一定的代入感和影响力。但是，从逻辑学上来讲，他那番精彩演讲存在诸多的谬误，话里话外都在弱化战争的危险，强调入伍的好处。

○ 谬误1：

——"如果我服兵役，上前线的概率是50%，那么还有50%的概率留在后方！"

这是不符合逻辑的，因为上前线的士兵与留在后方的士兵数量不是1∶1，上前线的士兵人数肯定比留在后方的人数多，这就意味着，上前线的概率肯定要大于50%。

○ 谬误2：

——"即使上前线，我作战的概率是50%，还有50%的概率是成为某长官的贴身勤务员，留在安全区工作！"

这也是一个谎言，因为上前线的士兵数量与留在后方的士兵数量不是相同的，前者的数量远大于后者，所以上前线作战的概率也远大于50%。

03 诉诸后果

诉诸后果

将支持或反对一个命题的有效性，诉诸接受或拒绝此命题将产生的后果，在逻辑学上被称为诉诸后果，是逻辑谬误的一种。一个命题会导致一些不受欢迎的结果，并不意味着这个命题是伪的；同样，一个命题会带来好的结果，也不能让它变成真的。

在判断一个论点是否可信时，用来作为判断依据的应当只是该论点的真假或是真假的可能性，需要听取与分析的是支持或否定论点的事实与证据。

至于该论点成立或不成立将会带来怎样的影响，相信或不相信该论点可能导致怎样的后果，都与判断本身无关，都不能作为证明论点是否可信的依据。

在上述的案例中，我们应该清楚：入伍后上前线作战的概率是很高的，而这也是美国政府征兵的主要目的。但是，在征兵动员会上，它却被演说者弱化成了"50%的概率"，这一数据有很大的欺骗性！另外，他所做的"不幸受伤""受重伤""为国捐躯"等假设，都是在强调相对较好的结果，毕竟身亡后可以成为英雄，为家人留下抚恤金。

请务必记住：结果的好坏，不能传递到原因！

如果有人试图以讨好或不讨好的结果来说服你，那他就犯了诉诸后果的谬误。因为他不是通过正常的逻辑来证明自己的观点，以达到说服的目的，而是通过告知你会有怎样的后果，利用引诱、哄骗、威逼等手段，让你屈服于他的观点。

> 一个命题会导致不利的后果，并不意味着命题就是假的；同样，一个命题会带来好的结果，也不意味着命题就是真的。命题的真伪，与它所带来的结果或影响是没有关系的。

CHAPTER

4

你是在独立思考，
还是在被洗脑?

LOGIC AND LIFE

世界嘈杂混乱,你要保持清醒

长颈鹿:"小兔子,你知道拥有一个长脖子有多好吗?"

小兔子:"不知道,你说说看。"

长颈鹿:"无论什么好吃的东西,吃的时候都会慢慢地通过我的长脖子,可以长时间地享受美味,真是太幸福了呢!"

小兔子面无表情,看着长颈鹿在河边照镜子,自恋得一塌糊涂。

长颈鹿:"噢,还有,炎炎夏日,那冰凉的水流过我的长脖子,简直太舒爽了。小兔子,你能够想象到那种感觉吗?真是太遗憾了,你这辈子都无法体验。"

小兔子慢悠悠地说:"你吐过吗?"

先猜想一下：沉浸在自恋中的长颈鹿，听到小兔子最后的那句发问时，会有什么反应？

再思考一下：如果有人像长颈鹿一样，滔滔不绝地向你灌输某一种观点，宣扬某一件事多么好（或不好），你是会选择全盘接受，还是会像小兔子一样抛出质疑的问号？

在这个信息爆炸的时代，我们每天都会接收到大量的信息，每一条信息都包裹着一层看起来真实可信的外衣。在面对这些令人眼花缭乱的信息时，想要保持清醒、做出理性的判断，有一项能力不可或缺，那就是批判性思维的能力！

01 批判性思维

所谓批判性思维，就是谨慎地运用推理，去判断一个断言是否为真。

在中文的语境中，"批判"一词带有批评、判断对错的意思，但这里更多是指保持思考的自主性与逻辑的严密性，不被动地全盘接受，而不是指刻意地带着偏见去驳斥某一个观点。

看看下面的这两个问题以及新闻报道，你有什么想法？

——我们该不该避免阳光直射？

· 美国疾控中心指出，太阳紫外线的照射可能是诱发皮肤癌的一个最重要的因素。

· 世界卫生组织说，在世界范围内，紫外线的照射只是诱发疾病的一个微不足道的原因；且在世界范围内，少晒太阳的人比经常晒太阳的人患病概率更大。

——饲养宠物是否能让人活得更健康？

· 美国心脏协会说，多项研究显示，养宠物有助于主人的健康。

· 芬兰的一项可靠的研究显示，养宠物与主人健康状况之间有直接的联系。

02 海绵式思维

海绵式思维，是一种像吸水的海绵一样被动地、无差别地吸收外部信息的思维方式。

这种方式可以让人在较短时间内吸收大量的信息，无须经过烦琐的思考过程，但它也有一个致命的缺陷，就是无法对繁杂的信息做出评判和取舍。当一个人习惯性地依赖海绵式思维时，就会对自己新获得的所有信息深信不疑，而整个过程都是无意识的。

你愿意将自我判断的权利交付给其他人吗？如果不愿意，就要带着"问号"去处理信息。当他人不断地向你兜售某种观点时，你要随时准备与之辩论，哪怕作者不在现场。你要积极地参与其中，主动选择该吸收什么，该忽略什么；该相信什么，该质疑什么；不断地提问并思考问题的答案。这种思考方式就是与海绵式思维相对的淘金式思维。

03 淘金式思维

淘金式思维，是一种主动在获取知识与信息的过程中与其产生互动，并像淘金者一样在谨慎思考与分析后过滤掉"泥沙"，留下有价值的"金子"的思维方式。

海绵式思维强调知识获取的结果，而淘金式思维重视在获取知识的过程中积极地与之展开互动，两种思维方式是可以互补的。在批判性思维者身上，这两种思维方式常常是并存的。"淘金"建立在有一定程度的信息量和知识储备的前提下，而海绵式思维则是收集大量信息和知识的重要方式，也是思考问题、辨识好坏的基础。

CHAPTER 4
你是在独立思考，还是在被洗脑？

道理易懂，实践很难。很多时候，我们并不认为自己在面对繁杂的信息和观点时，像海绵吸水一样全盘地接受了所有信息，但似乎又没能做到有逻辑、理性地思考并做出判断。因为在进行思考的时候，我们常常会陷入一些自己难以意识到的逻辑误区。

——"你感冒了呀？上次我感冒特别严重，吃了这个药一晚上就好转了。"

听起来似乎是那款药物发挥了效用，但类似普通感冒这样的疾病，在最严重的阶段过后，就算不服药也会稍微好转，起码会回到病情的"平均水平"，这在统计学上称为趋均数回归。

——"那个科学家被证实过虐待动物，他的观点不可信。"

因为一个人的个人品质、兴趣爱好或是过往经历，就攻击他/她的观点，这属于诉诸人身的谬误。实际上，持论者的个人品质与其论证的质量没有关系。

当我们被动地接受观点时，很容易被持论者的思路影响，丧失独立思考和判断的能力。想要成为更理智的思考者，最好的方法就是不断对内容提出批判性的问题：

- 为什么作者会下这样的定论？
- 有什么证据支撑吗？
- 证据来源是什么？
- 证据本身是可靠的吗？
- 那些"想当然"的假设是真的吗？

> 如果不能批判地思考，你的生存将陷入危险，你将在生活中受到伤害，让那些希望你受伤害的人得利，而你自己却懵然无知；如果不能批判地思考，你将无法辨别是非，更不用说抵抗，你将任人摆布；如果不能批判地思考，你实现预期结果的可能性就更小。
>
> ——斯蒂芬·D. 布鲁克菲尔德《批判性思维教与学》

逻辑学与生活

美国孩子眼里的"孔融让梨"

01 不同的解读，不同的思维

孔融让梨的故事在中国流传了千百年，被誉为道德教育的典型案例：孔融在分梨的时候，把最小的留给了自己，其他的按照长幼顺序分给兄弟，表现出了谦让的礼仪。可是，当美国孩子听到这个故事时，却有着另外的看法。

老师："你们怎么看待孔融让梨？"

学生："孔融说自己年龄小，就挑了最小的梨，可是给其他兄弟分梨时，却又实行前后矛盾、绝对相反的标准，他难道没有固定的做事原则吗？"

老师："他是在表示谦让。"

学生："他想表现自己的谦让，给自己挑一个最小的就好，为什么不给其他兄弟表现谦让的机会呢？"

老师："那你怎么看待孔融？"

学生："我不喜欢孔融，他剥夺了其他兄弟选择和表现的机会，这对别人不公平。不仅如此，我还不喜欢孔融的爸爸！"

老师："为什么？"

学生："孔融只有四岁，没有是非观念和行为能力，父亲却让他去分梨，这是不负责任的表现。孔融分梨的行为很主观武断，父亲没有指出问题，反倒表扬了他。"

老师："……"

学生："我不喜欢这个故事，鼓励主观武断、扭曲自己的欲望去赢得别人的赞赏，这是一种不健康的心理。"

同一个故事，不同的解读，背后隐藏的是思维模式上的差异。

无论美国学生所言是否正确，我们都能够清楚地看出，他们在一步步地使用批判性思维分析问题。他们在判断所读的故事时，不是以作者的观点与自己的想法相近为标准，而是去判断作者的观点是否正确合理，他们不会轻易被欺骗或操控。

02 是什么阻碍了批判性思维？

批判性思维的益处无须赘述，可是有一个疑问：既然批判性思维这么好，为什么我们在日常生活中却很难见到它呢？因为掌握和使用批判性思维的道路并不是平坦的，路上存在诸多干扰因素，它们就像是批判性思维的"减速带"。

可能你会问：为什么是"减速带"，而不是"石头"或"大山"呢？

尼尔·布朗和斯图尔特·基利在《学会提问》中，详尽地解释过这个问题：

·只要你放慢速度，就可以克服它们。

·无论你有没有注意到，它们就在那里。

·就算你注意到了它们，它们还是会干扰你前行的速度。

那么，干扰批判性思维的"减速带"都有哪些呢？

思考过快

快思考，是指根据现有的一点信息，不进行任何深刻、全面的思考，就仓促地做出决断。在思考重要的问题时，如果不进行慢速的、有条理的思考，犯错的概率就会大大增加。

诺贝尔经济学奖获得者丹尼尔·卡尼曼认为：大脑有快慢两条做决定的

途径，常用的、无意识的"途径1"是依靠情感、记忆和经验迅速做出判断，属于快思考、直觉思考；有意识的"途径2"是通过调动注意力来分析和解决问题，并做出决定，属于慢思考、理性思考。

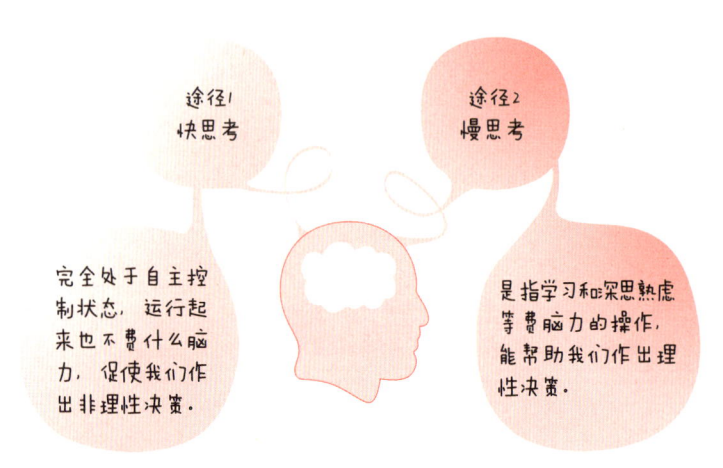

途径1 快思考：完全处于自主控制状态，运行起来也不费什么脑力，促使我们作出非理性决策。

途径2 慢思考：是指学习和深思熟虑等费脑力的操作，能帮助我们作出理性决策。

丹尼尔·卡尼曼提出的快慢思考途径理论

✎ 刻板印象

在接触任何主题之前，我们的大脑中都会有一定的信念或思考习惯。当形成刻板印象时，我们就会用印刻在自己头脑中的关于某一类人的固定形象，来判断和评价某个人。

刻板印象之所以被频繁使用，是因为一旦事情确实如此，就可以节省大量的时间和精力。但与此同时，刻板印象也就取代了"慢思考"，当我们根据自己头脑中已经存在的、与此人相联系的某一类人的固定印象来对其进行判断时，发生任何问题或争端，一旦牵涉这些人，我们就会立刻产生成见，刻板印象抢在理性分析之前占据先机，从而使我们产生错误的认知判断。

✎ 晕轮效应

晕轮效应，是指人们对一个人进行评价时，往往会因对他某一品质特征的强烈、清晰的感知，而忽略对方其他方面的品质，甚至是弱点。

俄国著名文豪普希金，狂热地爱上了莫斯科第一美人娜坦丽，并和她结为连理。娜坦丽长得很漂亮，但与普希金志趣不同。每次普希金把写好的诗读给她听时，她总是捂着耳朵说："我不要听，不要听！"她总是让普希金陪她游乐，出席豪华的宴会，普希金为此丢下了创作，弄得债台高筑，最后还为她决斗而死，致使文坛上少了一颗璀璨的巨星。

晕轮效应是一种主观的心理臆测，会使人产生巨大的认知障碍，它很容易使人抓住事物的个别特征，习惯以个别推及一般，就像是盲人摸象，容易使人把本没有内在联系的一些个性或外貌特征联系在一起，断言有这种特征必然会有另一种特征。

✏️ 信念固着

信念固着，是指人们一旦对某项事物建立起某种信念，尤其是为它建立了一个理论支持体系，就很难打破这一看法，即使有相反的证据和信息出现，也不愿意更改，只偏爱自己当前的观点和结论。

对个人信念坚持不改或绝不言弃的倾向是批判性思维的一大阻碍，它让人从一开始就心存偏见，这种对个人信念的过分忠诚，也是导致"确认性偏见"的重要根源，即倾向于只把那些能够确认自己既有信念的证据当成可靠证据。

信念固着的产生，与对自身能力的过分自信有关，比如总以为自己有思想、能力强、没偏见，看到的是真实的世界，而其他人都偏执得不可一世。要抵制信念固着的倾向，只需要记住：所有的判断都是临时性的，或者与情境有关，不能因坚守某件事而故步自封，不再去寻找更好的答案。

获得性启发

获得性启发，由心理学家丹尼尔·卡尼曼提出，是指利用易于进入大脑的信息去推论现实事件的可能性。简单来说，就是如果一个事件易于进入头脑，人们就会认为它是可能的。

——登山和开车，哪一个比较危险？

——车祸和胃癌，哪一个是比较常见的死因？

关于上述的两个问题，大部分人的想法是：登山危险；死于车祸的概率高于胃癌。原因就是，我们经常会在网络上看到"某某登山者被困""某某登山者失踪"等消息，并在传媒中频繁看到有关车祸的新闻。

其实，这就是获得性启发。

人们在进行推理判断时，往往会选择有代表性的事例，这与"快思考"有关系，根据手边最容易获得的信息来形成结论，比获得和处理额外的信息要节省时间和精力。事实上，根据外国专家的调查，骑自行车的危险性比登山要大，而胃癌比车祸造成的死亡更多。

自我中心主义

自我中心主义，也是思维方式的一种，即从自己的立场和观点去认识事物，不能从客观的、他人的立场和观点去认识事物。

我们在论证或评价其他论证的时候，经常会忘记自己所面对的对象，沉浸在自己的知识世界里。自我中心思维的运作是无意识的，其最终目标是自我满足和自我验证，只维护自身和与自身利益一致者的利益。自我中心思维阻碍了我们对自己的思维和行为的认识，而批判性思维可以帮我们澄清这个思维过程，就像我们对自己的观点总是持有绝对态度一样，我们也该认识到自己的观点并不总是完整的，有时甚至是自私的。

批判性思维，不只是对他人的言论进行思考与判断，最重要的是批判自己的想法，不断地反思自己的想法：我这样想够不够公正？我这样想符不符合逻辑？我有没有先入为主的倾向？只有经常性地对自己的思维方式进行反思、批判和提升，我们才能够提升思维的品质，理性认识自我，洞悉他人，看懂世界。

> 当我们改变自己的想法，接受一个更好的观点时，我们应为此感到自豪，我们抵制住了诱惑，没有死心塌地去维护自己长期以来的信念。这样一种思想转变，应当被视为一种罕见力量的反映。
>
> ——弗朗西斯·培根

如何培养独立思考的能力？

01 被误解的乞丐

商店老板每天早晨开门时，都会看到门前睡着一个脏兮兮的乞丐。这乞丐简直是老板的眼中钉，他既挡着店铺的大门，周身还散发着臭气。所以，老板每天开门的第一件事，就是拿水、扫帚、鸡毛掸子把乞丐赶走。直到有一天，老板打开门时，没看到乞丐的身影。又过了几天，他还是没回来。店铺老板觉得很好奇，就去翻看监控。

看完监控之后，老板潸然泪下。你知道为什么吗？

店铺老板发现，乞丐每天晚上睡在他家店铺门口，会赶走许多不怀好意的人。难闻的气味并不是乞丐散发出来的，而是路人在卷帘门上撒尿导致的，每次乞丐都会赶走他们。在乞丐失踪的前一天晚上，店铺遭遇了小偷，乞丐和小偷打起来，在搏斗中被刀刺中了。

为什么店铺老板最初会把乞丐视为眼中钉？因为"先入为主"的思考方式削弱了他对事情判断的客观程度，也削弱了他独立思考的能力。通常情况下，如果我们事前得到了一些信息，这些信息就会在无意识的状态下，影响我们对他人的判断。

✎ 沉锚效应

人们在做决策时，思维往往会被得到的第一信息所左右，第一信息就像沉入海底的锚一样，把人的思维固定在某处，从而使人产生先入为主的歪曲认识。

为什么要称为"沉锚"呢？原因就是，锚点通常埋藏于意识的深处，多数人甚至意识不到自己已经被埋入了锚点，不知道自己已经不知不觉地被某些先入为主的信息误导，还以为这是自己独立思考后作出的决策。

沉锚效应
被沉锚带偏的独立思考

02 独立思考

究竟什么才是独立思考呢？

独立思考，是指在寻找和发现问题、探究和解决问题，以及接受或拒绝一种思维观念时，充分发挥理性的自主性。简言之，就是在面对问题时能够在尊重常识的基础上，对理由和推论进行理性思考，之后再得出观点。

没有独立思考的能力，就很容易受到外部环境的影响，难以对一件事有系统的、深刻的认识，更难以表达出自己的独到见解。特别是在这个信息过剩的时代，我们随时都可以获取大量的信息，缺少独立思考，就会被大量的信息包围和困扰，很容易人云亦云、随波逐流，或是被操控、被忽悠、被欺骗、被

"割韭菜"。

那么，怎样才能培养和提升独立思考的能力呢？

○Step1：深入理解问题，为意见找到根据

对于很多事情，如果我们理解得不够深入，就很容易停留在表面，探究不到事情的真实性，从而不经思考就得出结论或意见。人云亦云、网络舆论，多半都是这种情况。

判断自己对一件事情是否真正理解，有两个检验方法：

方法1——能够用浅显的话来解释清楚。

方法2——用5W+1H来反驳，谁、什么时候、做什么、在哪里、为什么、怎么做。

方法2中的问题，可以根据场景来改变具体内容。

○Step2：分清事实和观点，不要混于一谈

事实是可以被证明的陈述，无论我们对一件事持有什么样的看法，它该是什么样就是什么样；观点是我们对某件事物的看法或感觉，不一定都是符合实际情况的。当别人传递给我们一个信息时，我们必须弄清楚，他所说的到底是事实，还是观点。

假如身边的朋友告诉你："现在UI设计方面的人才需求量挺大的，转行做这个肯定赚钱。"在这里，"UI设计方面的人才需求量挺大的"是一个客观事实，可"转行做这个肯定赚钱"却是对方的观点。毕竟，从事UI设计的工作者，薪资高低受多方面因素影响，不是所有做这一行的人都能拿到高薪。更何况，朋友说的是"赚钱"，这个词语太宽泛了，没有一个固定的标准，很难衡量。分清楚了何谓事实、何谓观点，就不会轻易被他人的言论左右了。

○Step3：养成提问的习惯，反思论述过程

很多不负责任的、武断的结论，都是在表述自己的观点，而非陈述事实。所以，我们要养成提问的习惯，去反思论述的过程，看是否存在逻辑漏洞。

有人说："某某做慈善，就是为了逃税。"这句话乍一听好像没什么问

题，可仔细回味，却会发现有些地方不对劲。说这句话的人，看似是在陈述"事实"，但这个事实是有漏洞的。

在推理过程中，他悄悄设置了一个大前提，即"做慈善都是为了逃税"。然后，因为某某做慈善，所以某某就是为了逃税。他预设的大前提本身就是不成立的，因而结论也是靠不住的。只不过，他在表达的时候，没有把自己的大前提说出来。

独立思考是批判性思维的最低要求，充分发挥理性的自主性进行思考，不是为了证明自己，而是为了不轻信、不盲从，保持足够的理性。无论遇到什么样的问题，都不要被先入为主的概念迷惑，从正反两方面去思考，不轻易肯定，也不轻易否定。

> 世上最艰难的工作是什么？思考。凡是值得思考的事情，没有未被人思考过的；我们必须做的只是试图重新加以思考而已。
>
> ——歌德

统计数据也是会骗人的

01 上帝属不属于人？

关于"大数据",有一句盛传已久的名言:"除了上帝,任何人都必须用数据来说话。"

这句话是存在逻辑问题的,你能看出来吗？

揭晓谜底之前,我们需要先思考一个问题:上帝属不属于人？

如果说,上帝不属于人,那么把两者放在同一位置上进行比较,是没有意义的。如果说,上帝属于人,两者存在比较的基础,那就又出现了内在的逻辑冲突:倘若"任何人"包括上帝的话,那么上帝也必须"用数据来说话",此话前后就是自我否定了。

要解决这个逻辑谬误,办法很简单,即放弃用"上帝"做比较,直接将这句话改为:"任何人都必须用数据来说话。"可是,这又出现了一个新的问题:用数据来说话,就一定可信吗？数据有没有欺骗性呢？

02 统计数据会骗人

在现实中,利用统计数据作为证据是一种常见的论证方式。这样的证据看起来十分动人,因为数字让证据显得极具科学性,非常精准,似乎它就代表了"事实"。但是,我们必须认识到一个真相:统计数据会,且经常会,说谎!它们不必然能证明它们想证明的一切。

那么,数据是如何欺骗我们的呢?或者说,数据为什么不完全可信呢?

✎ 混杂因素

混杂因素,是指在实验中会混淆所研究因素与结果之间联系的那些外部因素,它们会对实验结果产生干扰,出现所谓的混杂效应。

在2008年欧洲杯和2010年世界杯两届足球大赛中,章鱼保罗声名鹊起,红遍全球。原因就是,这个生物预测比赛结果14次,猜对13次,成功率高达92.86%,被人捧为"章鱼帝"。

但凡有一些常识的人,都知道"章鱼有预测能力"是不符合现实的,但为什么会出现预测14次猜对13次的情况呢?这里面的底层原理是什么呢?答案正是混杂因素。

这里的混杂因素比较隐晦,不太容易被众人识破,那就是国家国旗的样式!

让章鱼预测比赛结果的方式很简单:在鱼缸旁边放置两个国家的国旗和食物,让章鱼进行选择。研究发现,章鱼这类生物能够辨识明暗度,特别是横

逻辑学与生活

向条纹。在多次预测中，章鱼保罗一共只选择了三个国家——德国、西班牙、塞尔维亚。

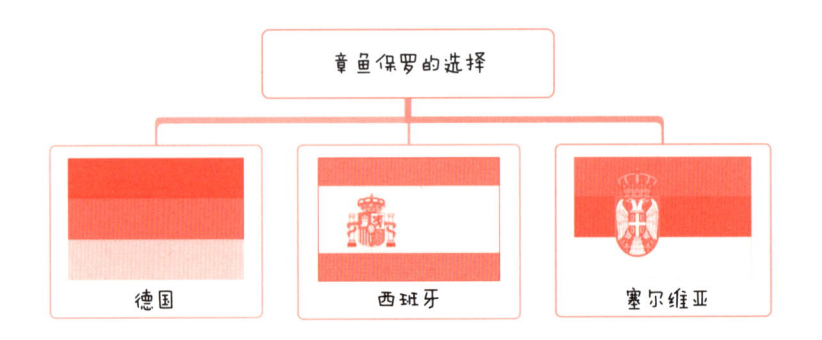

```
        章鱼保罗的选择
      ┌──────┼──────┐
     德国   西班牙  塞尔维亚
```

看到这三个国家的国旗了吗？你应该已经知晓了真相——不是章鱼保罗有预测比赛结果的超能力，它只是选择了自己喜欢的图案罢了。

数据偏差

要为特定的目的得到精确的数据，常常会遇到各种阻碍，如关键词语的模棱两可，人们不愿提供真实的信息，不能报告各种事件等，因此统计数据的形式往往只能是基于事实做出的一些估计，这些估计有时是存在欺骗性的。

——40%的大学生饱受抑郁症的折磨！

看到这一新闻标题时，你有什么想法？你是会为年轻人的心理状况感到担忧，还是会反问这个统计数字是怎么得来的？不知来历的统计数字，往往能带给人深刻的印象，或是让人肃然起敬，但这些数字的精确性常常令人怀疑。在对这样的数据做出反应之前，我们很有必要问一句：这些数据是怎么得来的？

多含义的平均值

见到平均值的时候，我们不仅要确定这个平均值是平均数、中位数还是众数，还要判定最小数值与最大数值之间的差距，即全距以及每个数值出现的频率，也就是数值分布。如果不弄清楚这些，贸然地相信一个平均值，可能会让我们难以看清真相。

测定平均值的方法有三种，每种方法都可以给出不同的数值：

CHAPTER 4
你是在独立思考，还是在被洗脑？

· 平均数：把所有数值相加，用总数除以相加的数目。

· 中位数：将所有数值从高到低排列，找到位于最中间的数值。

· 众数：计算不同数值出现的次数，找出出现频率最高的数值。

——"相关调查显示，大学生每周平均花在学习上的时间是12.8小时，与20年前的大学生相比，学习时间少了一半。"

你怎么看待这一结论？它是否能证明，大学生们在学业方面付出的努力变少了？

当然不能！我们要看这里的平均值是按照哪一种方式计算的：如果有些学生花了很多的时间在学习上，比如一周30~40小时，平均数值就会被拉高，但不影响中位数或众数的数值；如果这里说的平均值是中位数或众数，那我们还可能高估了平均的学习时间。

——"这个病预后情况不太乐观，患同样癌症的病人存活时间的中位数是10个月，你们不妨考虑一下，在病人生命最后的这段时间里，如何提高一下生活质量吧！"

听到医生给出这样的"审判"，作为病人家属会是什么心情呢？

先别急着沮丧，医生说的话，可以让我们明确知道患这种癌症的病人有一半不到10个月就去世了，另一半人存活时间超过了10个月。但仅仅知道这些还不够，我们还需要了解活下来的那些人存活时间的全距和数值分布！

也许，存活时间超过10个月的病人的数值全距和分布会显示：有些人甚至很多人存活的时间远超10个月，甚至活到了70~80岁！知道病人存活情况的完整分布，可能会改变病人和家属对当下处境的看法，用更恰当的心态去处理问题。

✏ 乱用结论

有些数据可以证明一件事，但这并不意味着可以用这些数据去证明另一件性质截然不同的事。如果有人这样做，那么此时的数据就无法作为可靠的证据。

逻辑学与生活

——"如果你乘坐这个城市的地铁,你很可能会丢手机。我刚读了一份统计数据,说小型电子产品占地铁系统失窃率的70%。"

上述的数据只能证明,地铁系统中发生的大部分偷窃行为都和小型电子产品有关,但它没有证明这类偷窃行为发生的概率有多大。

> 打开一切科学大门的钥匙毫无异议是问号。面对权威,面对真实的数据,面对看似严谨的理论,我们都需要敢于质疑。
>
> ——巴尔扎克

学会提问：有没有替代原因

01 太阳落山是因为保姆回家了？

有个孩子很喜欢思考，他注意到一个现象：每天早上，太阳都会升起，到了傍晚又会落山，不知道藏到什么地方去了。为了弄清楚太阳到底去了哪儿，这个孩子在每天太阳落山的时候都会盯着它。可是，无论怎么观察，他都找不到问题的答案。

后来，这个孩子又注意到一件事，他家里的保姆阿姨也是每天早上出现在他家，傍晚又离开。孩子好奇地问："阿姨，您晚上去哪儿了？"保姆说："阿姨回家了。"就这样，孩子把保姆阿姨的来去和昼夜循环联系在一起，得出了一个结论：

太阳落山是因为保姆阿姨回家了。

孩子的想法颇具童真的味道，但这样的逻辑错误，不只是发生在孩子的头脑中。

——"大量人员死亡的原因是强烈的地震。"

——"大雪导致了铁路交通的瘫痪。"

你有没有意识到，这两句话的共通之处在于：把事件的结果归咎于某一个原因，而忽略了其他的因素。以地震的例子来说，房屋倒塌是造成人员伤亡的直接原因，建筑质量低劣也是根源之一；再以铁路交通瘫痪的例子来说，大雪是一个客观因素，但能源供应不足、铁路运力不足、应急能力不足等，是不是也要考虑呢？

02 过度简化因果关系

在对一个事件进行解释时,依赖并不足以解释整个事件的、与结果具有因果关系的因素,或者着意强调这些因素中的一个或多个因素的作用,就犯了过度简化因果关系的谬误。

很多时候,事件的发生是由许多共同起作用的原因联合起来导致的。换句话说,是这些原因共同起作用,形成了事件发生所需要的整体环境。

——"儿童抑郁症的发病率增速惊人。"

就上述事件,新闻记者采访了各路专家,最后综合专家的意见,指出引发这一现象的主要原因有:遗传因素、同龄人之间的取笑戏弄、父母疏忽大意、电视新闻里泛滥的恐怖主义和战争、缺乏信仰、学习压力过大……总而言之,这些原因中的任何一个因素,都可能导致儿童患上抑郁症,但我们不能说某一因素是唯一的原因。

从某种意义上讲,几乎所有的因果解释都可以过度简化。

当被问及某一件事发生的原因时,哪怕我们所提供的答案并不包含每一种可能的原因,也是说得过去的。可既然我们了解了过度简化因果属于逻辑谬误,在通过因果关系得出结论时,就要让其尽可能包括足够多的因果因素,让对方知道你并没有将因果过度简化;或者你还可以向对方说明,你在结论中所强调的因果关系,只是众多原因中的一个,但不是唯一。

03 在此之后

当两个情况接连发生时,尤其当它们反复接连发生时,人们会不禁认为,其中一个情况可以解释另一个情况。这种想法完全没有可信度,是一种错误的思考，叫作"在此之后"谬误。

古玛雅人通过反复观察，发现农作物生长是需要雨水的：雨水少时，庄稼的收成明显减少；不下雨时，简直就是寸草不生。这可怎么办呢？不下雨的时候，该怎么求雨呢？

现在我们都知道，抽取地下水可以解决灌溉的问题，但这个办法超出当时玛雅人的能力范围。他们选择了一个既糟糕又无效的方法——献祭活人。只要出现旱灾，就有人自愿淹死在乌斯马尔、奇琴伊察等地的天然水井中。除了人，许多珍贵的物品也被扔进井里。他们认为这样做可以取悦自己信奉的神，让神吩咐身边的少女将水瓶里的水洒向地面。

在献祭了几个活人后，天真的下雨了。因此，玛雅人得出结论：献祭有用。

"在此之后"……

于是，再遇到不下雨的情况，玛雅人就选择献祭活人。当他们接受了这个错误的通则后，没有任何人可以阻止神权政治以各种理由、为了各类神及其他特殊目的来献祭活人。

那么多年、那么多的玛雅人，因为"在此之后"的谬误而丧失了性命，实在令人感到可悲。或许，两个事物之间存在必然联系，但在因果关系成立之前，我们必须确认，在去除这一原因之后，结果还能不能在不违反某些公认一般原则的前提下继续存在？

萧伯纳向来吃素，同时他也是一个伟大的剧作家。可是，我们也选择吃素，我们就能成为伟大的剧作家吗？这两件事是独立变量，而不是相关变量。不然的话，只要吃上一年素，我们的写作能力就可以得到提升了。

04 思考有没有替代原因

无论在工作还是生活中，如果有人向你指出A和B之间有相关性，并假设它们为因果关系时，请务必思考一下："还有没有替代原因，可以解释这种联系？"

替代原因

替代原因，就是用一个合理的解释，来说明为什么一个特定的结果会发生。

莎莎和男朋友拌嘴了，两人冷战了一整天。莎莎给男朋友发了一条消息，过了2小时，对方也没有回复。这让莎莎感到很难过，她跟闺蜜诉苦，觉得男朋友不在乎自己。闺蜜回应说："你确定他看到你发的消息了吗？最近要考试，他可能是在复习，或是手机调成了静音，这都是有可能的啊！"在男朋友未回复莎莎信息这件事情上，闺蜜的解释就属于替代原因。

概括来说，关于某一事件的发生，或是对某一结果的解释，我们找出的任何一个单独的原因都可能是引发事件的其中一个原因，而非唯一的原因；事物相关并不能证明它们之间存在因果关系；两件事情紧挨着发生，也不一定能证明两者之间是因果关系，也可能是巧合。

> 当你有足够的理由相信，作者或说话者在使用证据支持他对某个事件起因的一个断言时，你就需要去寻找一些替代原因。"原因"这个词语的意思是"引起，让某件事发生，或影响"。
>
> ——尼尔·布朗，斯图尔特·基利《学会提问》

CHAPTER 4
你是在独立思考，还是在被洗脑？

有什么重要的信息被省略了?

01 为什么广告不能尽信?

——试试"欢乐时光"，它是医嘱治疗抑郁症的头号特效药！

——我们的黄油由经过巴氏灭菌法处理的牛奶制成，这些牛奶全部取自经结核菌素试验的牛群，带给你健康与安心！

——现有优惠活动，首付只需购房全款的10%，最低20万即可入住！

毫无疑问，广告就是为了劝说顾客购买而制作的，你会相信这些广告词吗？我想，即便我们的批判性思维能力还没有达到很高的水平，也能知道这些广告所说的话不可尽信。

为什么广告里的话不能全部当真呢？因为其中的一些信息被刻意绕过或省略了。

这家"欢乐时光"制药公司是不是比其他的制药公司给了医生更大的折扣？是不是为医生提供了更多的免费试用药？这些信息我们不得而知，但它们对于抑郁症患者吃什么药却产生着重要的影响。

几乎所有在美国出售的黄油都必须由经过巴氏灭菌法处理的牛奶制成，而这些牛奶要取自经结核菌素试验的牛群，这是一条硬性的规定。可是，广告里没有说出这一点。

"最低20万即可入住"的广告词，给买者造成了错觉，让他们误以为房子真有那么便宜。有些缺乏贷款买房常识的人，只看到"首付20万"就心动了，却没有认真计算：一套总价200万的房子，交了20万首付后，剩余的购房款要通过房贷的形式来支付，以20年的还贷期限计算，每个月需支付超过一万元的贷款！

02 采樱桃谬误

采樱桃谬误，也称隐瞒证据，是指像采樱桃那样专门选好的樱桃摘，比喻选择性地说话，只呈现美好的部分，而把不利于自己的那些话藏起来。

具有批判性思维的人十分重视独立思考，但如果做决策的基础是极其有限的一点信息，那也很难保证得出合理的、正确的判断。

几乎所有事物都有一些积极的、美好的特质，当对方只想让我们知道那些他们想让我们知道的信息时，就会刻意强调那些积极的特质，而隐藏那些消极的信息。所以，无论对方给出的答案多么令人信服，给出的理由多么吸引人，我们都不能轻易相信，因为真相并不都存在于表面的信息中，我们还要去寻找那些被省略、被隐瞒的重要信息。

03 容易被忽略和隐瞒的信息

什么样的信息最容易被忽略、被隐瞒呢?

1.真实的立场或价值观偏向

有些人会在第一时间表明自己的"中庸"立场,隐藏起真实的价值观,以增加自身言语的可信度,以求达到向他人灌输某种观点的目的。在跟这样的人谈话时,我们务必要注意对方是否刻意地隐瞒了自己的真实立场和价值观偏向。对此,我们需要思考两个问题:

问题1:不同价值观的人在处理这一问题时,是否会有不同的方法?

问题2:从与说话者、作者不同的价值观出发,会产生怎样的论证?

2.论证中所指"事实"的来源

有些人会列举案例来证明自己的观点,他们信誓旦旦地将其称为"事实"。但是,在强调这些"事实"百分百可信的同时,他们却有意无意地省略了这些事实的来源。我们不能轻易被对方"笃定"的眼神和口气征服,而是要向对方发问:

问题1:这些事实的来源是什么?

问题2:事实断言是否有出色的研究或可靠的来源支撑?

3.获得"事实"的程序细节

如果对方向我们提供了"事实"的来源,是否意味着这个"事实"就是可靠的呢?未必。我们还需要进一步探寻,了解获得这些"事实"的方式、步骤以及相关的细节,一旦发现对方有刻意隐瞒的迹象,就要提高警觉,对质疑处进行深度提问。比如,当对方提到"事实"来自调查问卷,你可以询问对方:

问题1:有多少人填写了这份调查问卷?

问题2:这份调查问卷的具体问题有哪些?

问题3：被调查对象发现内心所想与问卷选项不相符时，他们是否有机会说出真实想法？

4.对方提供的数据和图表

数据和图表经常被用来作为证据，但不是所有的数据和图表都可信，一定要仔细观察是否有遗漏掉的或者不完整的数字、插图、表格等，并思考以下问题：

问题1：如果数据包含早期或后来的数字，看起来是否有差别？

问题2：作者有没有故意"放大"或"缩小"数字，让差异显得更大？

5.所提议的行动带来的负面效果

被提倡的行动会带来什么样的潜在负面效果，这一信息至关重要，却常常被人忽视。通常情况下，这些行动的提议都发生在支持者宣称自己的意见很好的语境之下，但我们不得不考虑是否存在负面效果：

问题1：哪些人无法从所提议的行动中受益？谁会蒙受损失？他们有何意见？

问题2：所提议的行动对我们的健康有什么影响？

问题3：所提议的行动如何影响人与人之间的关系？如何影响人与自然的关系？

问题4：所提议的行动是否存在潜在的长期负面效果？

举例来说，提议建设一所新型的学校，那么针对这一行动，我们要思考的是：建设这所学校是否会破坏所占区域的环境？新学校是否会影响周边社区的房价？新学校是如何筹集资金的？如果新学校吸纳了大部分拨付给当地学校的教育经费，是否会影响到其他学校？

04 对方不提供缺失信息怎么办？

有些时候，我们要求他人提供重要的缺失信息，但对方未必会给我们满意的答案，我们甚至有可能根本就得不到回答。对此，不必灰心沮丧，要知道几乎所有的论证过程所提供的信息都是不完整的，我们可以采取这样的处理方式：

Step1：尽可能地搜集和挖掘出那些缺失的重要信息，越多越好。

Step2：在信息缺失的情况下，通过权衡比较，做出相对更优的条件性判断，即相对而言，在……缺失的情况下，论证A比论证B更为可靠。

如此就算最终没能获得全部的信息，也是在尽己所能的情况下做出了最合理的判断。

> 要找出被忽略、被隐瞒的信息，除了保持冷静的分析和判断外，还要掌握提问的技巧。细致的提问过程能让我们更快地接近事情的真相，因而在提问时可以试着添加限定条件，将问题问得细致而具体，引导对方给出逻辑清晰、指向明确的回答。

CHAPTER

5

面对诡辩与谎言，
如何有效地驳斥？

LOGIC AND LIFE

逻辑学与生活

看似什么都解释了，其实什么都解释不了

01 许三多的"有意义"和"好好活"

军旅题材的电视剧《士兵突击》，给不少观众留下了深刻的印象。剧中的主人公许三多想法简单，做事认真，经常把一句话挂在嘴边："有意义就是好好活，好好活就是做有意义的事。"听起来似乎有那么点道理，但细琢磨的话，又觉得不对劲儿。

什么是"有意义"？——"有意义就是好好活！"

什么是"好好活"？——"好好活就是做有意义的事。"

许三多回答问题了吗？嗯，回答了。可惜，说了和没说一样。

这就好比，你问一个胖子："你为什么这么胖？"他告诉你："因为我吃得多。"你再问他："你为什么吃那么多？"他又告诉你："因为我长得胖。"说来说去，都是同一主张换汤不换药的重复，压根就没有给出任何解释，这样的回答纯属套套逻辑。

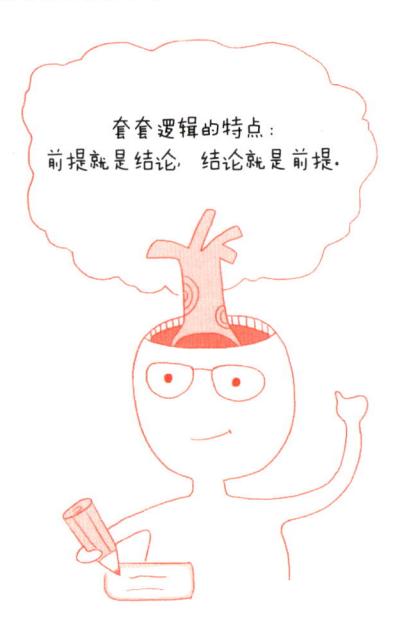

> 套套逻辑的特点：
> 前提就是结论，结论就是前提。

02 "套套逻辑"的陷阱

套套逻辑，也称循环论证，是指用来证明论题的论据本身的真实性要依靠论题来证明的逻辑错误。简单解释就是，两个命题都需要证明，却把彼此互相作为证明的基础。

18世纪苏格兰有一位知名的哲学家大卫·休谟，他在《论神迹》中用来推翻神迹的论点，经常被逻辑学家们当成循环论证的典型。

"我们可能会总结认为，基督教不仅在最初时是随着神迹而出现的，就算到了现代，任何讲理的人都不会在没有神迹之下相信基督教。只依靠理性支撑是无法说服我们相信其真实性的，而任何基于信念而接受基督教的人，必然是出于他脑海中那持续不断的神迹印象，得以抵挡他所有的认知原则，并让他相信一个跟传统和经验完全相反的结论。"

在论证的过程中，休谟提出了几个论据，且每一个论据都为"神迹只不过是一种对于自然法则的违逆，就算是神迹也不能给予宗教多少理论根据"这一论点服务。基于这样的认识，在《人类理解研究》中，他对神迹做了定义：神迹是对于基本自然法则的违逆，而这种违逆通常有着极稀少的发生概率。由此不难看出，在检验神迹论点之前，休谟就已经假设了神迹的特点以及自然法则，并以此为基础，开始了一段微妙的循环论证。

套套逻辑是一个带有欺骗性的陷阱，因为它的论点在逻辑上是说得通的。但是这一套听起来无法辩驳的逻辑并不能够证明什么，它不过是用来回避问题的一个手段，是一种忽悠人的方式。所以，一定要学会辨别，厘清思路，避免被它蒙蔽。

逻辑学与生活

> 套套逻辑是逻辑谬误的一种,当论述者为论证自己的某一个观点或主张,提供了看起来新颖、合理,实则不过是"新瓶装旧酒"的证据时,他就是在利用循环论证将你逼入一个无法辩驳的怪圈。

总有人喜欢用正确的废话来遮掩无知

01 这样的回答，和没说一样！

看女友脸色不对，帅哥小心翼翼地问：“怎么阴沉着脸？”
——女友：“我心情不好。”
看父亲经常醉酒，女儿私下问母亲：“爸爸怎么每次都喝醉？”
——妈妈：“他处于中年危机期。”
看邻居的孩子哭闹，另一位宝妈问道：“孩子怎么了呀？”
——邻居：“他犯劲呢！别理他。”
……
你会像"他们"这样回答问题吗？你认为"他们"给出答案了吗？

上面的三组对话，看起来像是在沟通，但仔细琢磨会发现，什么实质性的内容也没说。阴沉着脸和心情不好，原本就是一个意思；喝醉酒肯定是有原因，父亲正处在中年时期，遇到的问题必然是中年危机；孩子哭闹发脾气，和俗语说的"犯劲"，没什么区别！

02 命名谬误

通过贴标签或命名来描述所发生的事实，以掩盖说话者的无知的情况，

逻辑学与生活

在逻辑学上称为命名谬误。命名谬误很容易给人造成一种错觉，使人认为说话者知道名称，也知道原因，但实质上，他只不过是换了一个说法重复问题，说了等于没说。

命名谬误是在论证中使用不恰当的定义而产生的逻辑错误，这种情况在生活中经常会出现，它可以一笔带过地回答一些现象和问题，比如"孩子哭闹、摔东西"是因为"孩子脾气不好、犯劲"。看起来像是回答了，但其实阻碍了我们寻找更深刻的原因——孩子哭闹，可能是某些需求没有被看到，这才是解决问题的关键。

认识命名谬误，对我们而言有两个作用：

○ 作用1：鉴别他人所说内容的含金量

有些人在回答问题时，看似是回答了问题，但其实什么都没说，只是用另一种方式重复表达一遍。这种情况，或是因为对方不想说，或是对方压根就不懂。

○ 作用2：检查自己说的是看法还是废话

有时我们自己也可能存在这一谬误思维，自查的方式就是抓住一个问题追问几次，看自己能否给出不同的看法和信息。

> **看法**，是借由自己的表达给出新的观点或者信息，言之有物；**废话**，是把同一件事换个方式再说一次，把一个意思颠来倒去说几遍，言之无物。

想要避免答非所问，学会提问是关键

01 为什么兔子没有被吃掉？

森林里住着一头贪婪的狮子，它想把山羊、猴子和兔子这些臣民统统都吃掉。但是，无缘无故地把它们吃掉，似乎不太合适，毕竟还有其他的臣民，需要给它们一个交代。怎么办呢？狮子琢磨了好几日，想到了一个绝佳的借口。

狮子把山羊、猴子和兔子叫来，对它们说："你们臣服于我已经有一段时间了，我想看一看，在我的统治之下，有没有腐败的现象。"

狮子张开它的大嘴，冲着山羊问："我嘴里散发出的气味怎么样？"

山羊直率地说："大王，您嘴里的气味很难闻。"

狮子勃然大怒，吼道："你竟然敢诽谤国王，我要以诽谤罪将你处死。"

说完，狮子就毫不犹豫地把山羊吃了。

猴子目睹了这一切，赶紧讨好狮子，说："大王，您嘴里的气味芬芳扑鼻，很好闻。"

狮子奸笑道："你这个狡猾的东西，满嘴谎言，还喜欢溜须拍马。留着你这样的大臣，将来必定祸患无穷。"说完，就把猴子也吃掉了。

现在轮到了兔子，狮子问它："你觉得，我嘴里的气味怎么样？"

兔子很聪明，灵机一动，回答说："大王，真的很抱歉，我最近患了感冒，鼻子塞住了，闻不出气味来。等我回去休息几天，感冒好了再回答您，好吗？"

狮子找不到口实，只好把兔子放了。趁此机会，兔子逃之夭夭。

兔子在回答狮子的问题时，巧妙地利用了回避问题的策略，没有给狮子留下口实。

02 答非所问的"两面性"

在一些特殊的情境或场合，有些话不方便直接回答，但又不能失礼，就可以用答非所问的方式避免尴尬，即回答问题时，有意或无意地回答不相关的问题。

美国前总统里根访问中国期间，曾到复旦大学参观，并参加了学生见面会。当时，有个大学生问里根："您在大学期间，是否想过有一天会成为总统？"面对这一问题，里根是这样说的："我在大学学的是经济学，我还是一个球迷，当时美国有四分之一的大学生会失业，所以我只想找个工作，于是就做了体育新闻广播员……"

面对不好回答的问题，或是在不适合直接回答的公众场合中，可以用答非所问的方式回避尴尬。但我们必须清楚一点，谈论问题和讲道理的第一原则是就事论事，答非所问从逻辑学上来讲，属于一种语言诡辩。所以，不排除有时它会被一些别有用心的人利用。

甲说："这碗面真难吃。"对于这样的评价，诡辩者会怎样回应呢？

——"隔壁家的面更难吃！"

——"有本事你自己做一碗好吃的！"

——"你这么说是什么意思，是来捣乱的吗？"

——"嫌难吃就别吃，回你自己家吃去！"

——"面馆的老板是一个残疾人，很不容易的。"

在回应甲的评价时，上述所有的回答都没有做到"回到问题本身""就事论事",没有针对"这碗面究竟是好吃还是难吃"来进行讨论,纯属答非所问。

逻辑学告诉我们,如果不遵守同一律,就没办法讨论问题、交换意见,更不可能达成共识。同一律还要求我们,在反驳和批评他人的观点时,不能歪曲他人的观点,故意将其荒谬化。若是不能如实地、正确地理解和转述他人的观点,狂批乱打,那就是不讲道理了。

在日常琐事或无关利益的小问题上,面对诡辩者的答非所问,没必要费尽心力去追究,知道对方在玩什么把戏就行了。但在一些重要的、关键的问题上,却不能听之任之,要警惕对方是否故意转移话题。

03 如何避免答非所问?

为了避免或减少答非所问的状况发生,学会提问是关键。

○Step1:利用5W+1H,确定问题的方向

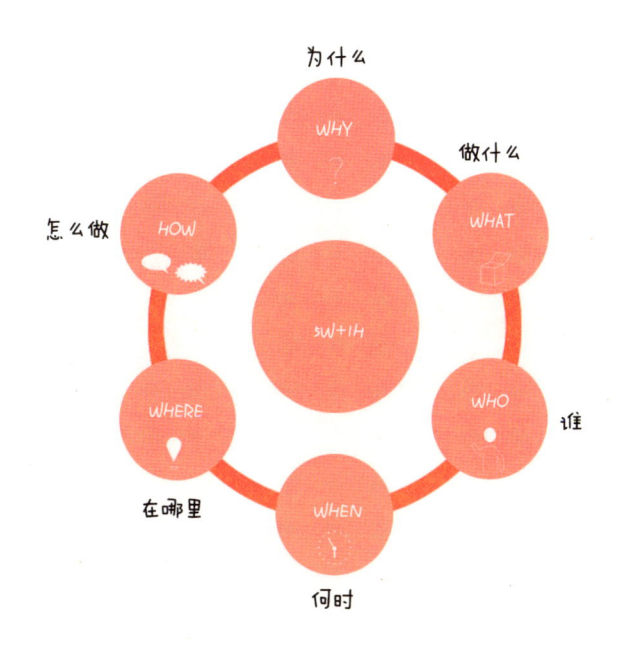

```
        为什么
         WHY
              做什么
              WHAT
  怎么做
   HOW
         5W+1H
              WHO  谁
  WHERE
  在哪里
         WHEN
         何时
```

5W+1H可以确定问题的方向，想知道什么内容，就要选择与之相对应的疑问词来提问。如果你想询问"那是什么"，就要用"What"，而不能用其他的疑问词；如果你想问"方式"，就要用"How"，而不是其他的疑问词。

○Step2：着重强调问题的目的

想问哪方面的问题，就要选择恰当的疑问词，以避免问题与自己的意向不一致，得不到想要的答案。如果你想询问"时间"，就要把提问的重点放在"When"上；想询问"是什么"，就要着重强调"What"，这样才能让问题更具目的性。只有明确强调问题的目的，才能避免回答者"答非所问"或是"故意诡辩"，从而得到想要的答案。

○Step3：一句话锁定一个问题方向

无论提出什么问题，都应当有侧重点。一个提问最好只有一个疑问因素，一句话只问一个问题方向，让回答者清楚地知道，你到底想了解什么，从而给出准确的回应。如果一个问句包含太多方向的疑问词，回答者很难了解你到底想要知道什么，或是会故意避重就轻。

让每一个提问清晰明确，一问一答才能相对应，既不会偏题，又能少费口舌。

> 面对一些不好回答的问题，或者在不适合直接回答的场合，可以用答非所问的方式巧妙回避尴尬。但要注意的是，在该说真话或需要直接表达意见时，如若有人故意转移话题、避而不答、狂批乱打，那就是赤裸裸的诡辩了。

CHAPTER 5
面对诡辩与谎言，如何有效地驳斥？

应对较真的人，别在这些地方留把柄

01 生活中的"尬聊"

进入夏季后，天气时雨时阴，道路湿滑，人的情绪也不太好。周一早晨，上班、上学、买菜的人很多，道路十分拥挤，一位中年男人，不小心自行车轱辘一滑，摔倒在地上；紧接着，又有一个买菜的老太太也摔倒在地。

小豆和同事目睹了这一幕，同事随口说了一句："这下糟了，俗话说——'男摔阴，女摔晴，老太太摔了下连阴'，最近怕是都没有好天气了！"

小豆梗着脖子，一本正经地说："你这话有两点不符合逻辑：第一，是男的先摔的，老太太后摔的，究竟是以先摔为准还是以后摔为准？第二，男摔阴，女摔晴，老太太难道不是女性吗？为什么要把她单独列出来？"

同事摇摇头："我就随口一说，你这不是较真吗？"

小豆的话并不是没有道理，同事念叨的那句"俗语"中确实存在一些逻辑问题。当然了，同事也未必不知道，只是结合当时的情境表达一下自己对连续多日阴雨天的感慨。然而，小豆却一本正经地去纠正对方言语中的逻辑错误，活生生地演绎了一出"尬聊"。

借由这个故事，我们来了解一下辩论中与"较真"有关的问题。我们知道，概念是逻辑学中最基本的元素，只有明确概念，才能进行正确的判断与思考，所以使用词语要注意精确性。但是，这种精确性的要求并不是绝对的，也并非在任何情况下都是必要的。

逻辑学与生活

02 精确法诡辩

总在不必要精确的地方吹毛求疵，做出似是而非的议论，在逻辑学上称为精确法诡辩。

精确法诡辩有多种表现形式，常见的情形主要有以下三种，诡辩者或是喜欢较真的人，最喜欢在这些地方"做文章"。

1.对习惯用语吹毛求疵

各个民族都有自己的习惯用语，中国除了习惯语以外，还有歇后语、成语等，这些都是在长期的语言实践中约定俗成的，大家一直这样用，且形成了固定意义，对其组织形式很少有人去探究其精确性。然而，有些诡辩者或故意较真的人，却会揪着这些习惯用语不放。

对话1：

——"他这个图表做得真不错，一目了然。"

——"那么两目呢？"

对话2：

——"我们得救火了。"

——"火不是越救越旺吗？"

2.对省略语吹毛求疵

在特定的语境中，有些话是可以且应该省略的，否则就会陷入烦琐哲学之中。然而，擅长诡辩的人却总是对省略语吹毛求疵。

正午时分，乡间的小路格外宁静，老李和老赵碰见了，当时没有第三人。

老李："吃饭了吗？"

老赵："你问谁呀？"

老李："问你呗，还有谁？"

老赵："你让我怎么回答呢？"

老李:"吃了就吃了,没吃就没吃,有那么复杂吗?"

老赵:"我怎么知道,你问的是早饭、午饭还是晚饭?是昨天、今天还是明天?"

3.对经验概念吹毛求疵

日常生活中,我们会大量地使用经验概念,经验概念是在认识事物的过程中,通过对周围事物感性经验的直接概括而形成的概念。这类概念在经验范围内是明确的,从不会发生混乱,如果非要在经验概念上吹毛求疵,反倒会把人弄糊涂。

——"你说说,什么叫走路?"

——"走路,就是走着呗,不乘坐任何交通工具!"

——"不对,走路是两足前后迈动且不同时离地……"

——"……"

> 在不必要精确的地方吹毛求疵,进行似是而非的议论,就属于精确法诡辩。

再巧妙的说文解字，也只是文字游戏

01 "窃书"就不是"偷"了吗？

孔乙己到了咸亨酒店，排出九文大钱，对柜里说："温两碗酒，要一碟茴香豆。"

见此情景，旁边的人故意高声嚷道："你一定又偷了人家的东西了！"

孔乙己听到这样的话，自然很不乐意，睁大眼睛说："你怎么这样凭空污人清白……"

对方搬出了证据道："什么清白，我前天亲眼见你偷了何家的书，吊着打。"

孔乙己涨红了脸，额上的青筋条条绽出，争辩道："窃书不能算偷……窃书！……读书人的事，能算偷么？"接连便又说了一些晦涩难懂的话，什么"君子固穷"，什么"者乎"之类，引得众人哄笑起来。

当有人提及孔乙己偷东西的问题时，孔乙己为自己争辩，说："窃书不能算偷……窃书！……读书人的事，能算偷么？"在这里，孔乙己想利用"窃"来掩饰"偷"，进行"说文解字"的诡辩，可惜这种说辞完全没有说服力。大家都知道，"窃"与"偷"

同义，没有本质上的区别。

02 说文解字的诡辩

中国的语言是很精妙的，如果对字词进行拆解和趣解，往往就会衍生出另一番意思。特别是在辩论中，总有人巧妙地说文解字，试图达到诡辩的目的。

说到中国传统中"重男轻女"的思想有失公平，诡辩者往往会这样歪解：中国传统上是重女轻男，不是重男轻女。他给出的理由是：中国文字中有一个"好"字，这个字是由"女"和"子"组成的，女子等于"好"，可见，古人认为生女儿好，这不是重女轻男吗？

如果按照上面的说法，中国汉字里还有"孬"这个字，把它拆开的话，不就是"女子不好"吗？这又怎么解释呢？说到底，这就是文字游戏罢了。

当有人试图用说文解字的方式证明某一观点时，不要被这种诡辩迷惑。与此同时，我们自己也要注意，不要随意地说文解字，用不好很可能会招惹麻烦。

三国时期的谋士杨修，就毁在了说文解字上。

当时，曹操在汉水与刘备对峙多日，进退两难，举棋不定。

一天晚上，夏侯惇进帐请夜间口令，曹操看见桌子上的鸡肋，随口就说了一句："鸡肋，鸡肋！"于是，"鸡肋"就成了当晚的口令。

杨修听到这个口令后，发挥自己的聪明才智，解读曹操的意思，说："鸡肋，食之无味，弃之可惜。丞相要退兵了，赶紧收拾东西吧！"结果，军心大乱，士兵们都准备撤离。

曹操知道后，以"乱我军心"为由，处死了杨修。

杨修的确有才，之前也对曹操的心思进行过说文解字，自以为聪明，实

逻辑学与生活

则已经惹怒了曹操，遭到了他的忌恨。这种不分场合、不分对象的说文解字，是很容易得罪人的。

> 把汉字拆开来进行解释，不管解释得多么生动有趣，都是不符合逻辑的。

有些话里藏着"圈套",别轻易被绕进去

01 旅店里的老鼠驼背吗?

有位喜剧演员在一次活动中,讽刺他住的一家旅馆环境不好,房屋低矮,老鼠成群。他是这样说的:"我住的旅馆,房间又小又矮,连老鼠都是驼背的。"

旅馆老板看到这条消息后,特别生气,说要上诉控告这位演员败坏旅馆的声誉。喜剧演员担心把事情闹大了不好收场,就表示愿意道歉更正,他说:"之前我提到,我住的旅馆房间里的老鼠都是驼背的,这句话说得不对。我想说的是,那里的老鼠没有一只是驼背的。"

喜剧演员的更正很巧妙,对吗?他改口说"那里的老鼠没有一只是驼背的",在这一命题中,已经隐含了另一个命题——"我住的旅馆里有很多老鼠"。表面看起来,他是在道歉更正,其实他还是坚持了自己之前的观点,再一次讽刺了旅馆的条件差。

你应该也听过一句俗语:"听话听声,锣鼓听音。"意思就是说,听人说话的时候,不能只听话语表面的意思,还要听明白对方真正想表达的东西。

02 隐含命题

一句话中隐含着另一句话，一个命题中暗藏着另一个命题，这就是逻辑学上的隐含命题。

著名作家狄克曾到乡下体验生活，搜集写作素材。抵达某个地方后，天色已晚，他决定住宿。这里的条件不好，只有一家旅馆。朋友提醒过他，这种小旅馆条件差，闷热潮湿，且蚊子特别厉害，晚上无法睡觉。

狄克没有当回事，他到服务台登记的时候，刚好有一只蚊子在眼前飞舞。他微笑着对前台的服务人员说："早听说你们这里的蚊子很聪明，今日一见，果然名不虚传。它们居然懂得提前来查看我的房间号码，以便晚上光临，好好地享受一顿美餐。"

听了狄克这番幽默的言辞，服务人员不禁被逗笑了。结果，那一天晚上，狄克睡得特别好，房间里一只蚊子也没有，因为服务人员提前把它们"赶"出了房间。

狄克没有直截了当地指出旅馆蚊子太多，而是采用了隐含命题的方式，说蚊子提前来查看房间号码，以幽默的方式引起服务人员的注意，间接提醒了对方，蚊子可能会影响客人休息，同时又强调了一下自己的房间号码，让服务人员主动为其做好了灭蚊工作。如此沟通既没有吵得面红耳赤，又在风趣中达成了自己的目的。

巧妙运用隐含命题，有助于我们平顺地解决问题，减少不必要的争执。善于发现和分析隐含命题，也有助于我们识破谎言与诡计，探究出事情的真相。

有位旅客在火车站候车时，忽然发现自己的手提包不见了。他看见前面有一个穿黑色大衣的人正拎着他的手提包往前走，就赶紧跑过去责问："你为什么拿我的手提包？"

那人一愣，而后说了一句："不好意思，我拿错了。"然后连忙把手提包还给那位旅客，并向车站大门走去。

这一幕刚好被民警看在眼里，他紧随那个穿黑色大衣的人出了车站，走上前去询问："你自己的手提包呢？"那人猝不及防，顿时慌了神色，说不出话来。

民警将此人带到车站派出所查问，发现那个人是一个惯偷。

民警为什么会对这个穿黑色大衣的人产生怀疑呢？

原因就是，他说了一句"我拿错了"。

"错"是相对"对"而言的，"拿错了手提包"这一命题中，隐含着另一个命题，即"存在着一个他应该拿对的手提包"。民警凭借丰富的经验，听出了这个隐含命题。同时，他也看到，穿黑色大衣的人把旅客的手提包归还之后，并没有去寻找自己的手提包，而是急匆匆地走出车站。民警在这个地方看出了破绽，故而产生了怀疑。

> 善于发现、分析、运用隐含命题，不仅有助于建立融洽的人际关系，也能在一些别有用心之人的话语中，找出漏洞和破绽，发现事实和真相。

逻辑学与生活

世上没有放之四海皆准的真理

01 苏格拉底与欧西德莫斯的辩论

古希腊哲学家苏格拉底很擅长辩论,他曾与欧西德莫斯展开过一场精彩的辩论:

欧西德莫斯:"我所做的事情,没有不正的。"

苏格拉底:"什么是'正',什么是'不正'?你觉得,虚伪是'正'还是'不正'?"

欧西德莫斯:"不正。"

苏格拉底:"偷窃呢?"

欧西德莫斯:"不正。"

苏格拉底:"侮辱他人呢?"

欧西德莫斯:"不正。"

苏格拉底:"克敌而辱敌,是'正'还是'不正'?"

欧西德莫斯:"正。"

苏格拉底:"诱敌而窃敌物,是'正'还是'不正'?"

欧西德莫斯:"正。"

苏格拉底:"你刚刚说,侮辱他人和偷窃都是'不正',现在为什么又说,侮辱他人和偷窃是'正'呢?"

欧西德莫斯:"对朋友和对敌人,当然是不一样的。"

苏格拉底:"将军为了鼓舞士兵,欺骗他们说'援兵就要到了',结果士兵们打了胜仗。将军的欺骗行为,是'正'还是'不正'?"

欧西德莫斯:"正。"

苏格拉底:"你刚刚说,'不正'只可对敌人,不可对朋友。现在,为什么又认同可以把'不正'对朋友了呢?"

欧西德莫斯:"……"

02 绝对化谬误

为什么欧西德莫斯会无言以对呢?因为在和苏格拉底的辩论中,他的回答太过绝对,没有具体问题具体分析,结果被苏格拉底抓住了把柄,不断地反击,致使其最后无法自圆其说。在这场辩论中,欧西德莫斯犯了逻辑学上的绝对化谬误。

✏ 绝对化谬误

把在一定条件下,一定的时间、空间之内正确或错误的事,推广于任何条件、任何时间与空间;或者说,对同类的所有事物一概而论,没有具体问题具体分析,就属于绝对化谬误。

如果有人不分情形、地点和说话对象,一味地认为某些逻辑必然是对或错,你就可以指出他犯了绝对化谬误。因为世界上的很多事物都是有两面性或多面性的,需要具体情况具体分析。

03 真理是相对的

唯心主义哲学家王阳明,曾经带着两个学生去拜访朋友。朋友家养了两只鹅,一只会叫,另一只不会叫,朋友让仆人把那只不会叫的鹅杀了,用来款待王阳明。借此,王阳明教育学生说:"你们看,不会叫的鹅被杀了,会叫的鹅还活着,所以——有才的,才能长寿。"

吃过饭后,王阳明带学生去后山游览,看到两株大树,一株长得笔直,另一株长得弯曲,有两个人正在砍伐那株笔直的树。借此,王阳明又教育学生说:"你们看,笔直的能成材,就会被砍掉;弯曲的不能成材,就会被留着,所以——无才的,才能长寿。"

两个学生听得糊涂了,其中一个忍不住问王阳明:"老师,您刚刚说,有才的才能长寿;现在为什么又说,无才的才能长寿呢?"

王阳明解释道:"'有才的才能长寿'与'无才的才能长寿'都没有错,它们是针对不同的对象、不同的条件而言的,两者并不相斥,也没有犯逻辑错误,它们相对于各自所处的事件、地点、条件而言,都是正确的。"

绝对化,意味着走极端,意味着不科学,意味着不合逻辑。水在100℃时沸腾,这句话是真的,但不是在任何条件下都是真的,而是在标准大气压的条件下是真的。如果这一条件变了,在青藏高原上,水就不是在100℃时沸腾了。所以,即便是真理,也不一定放之四海皆准。

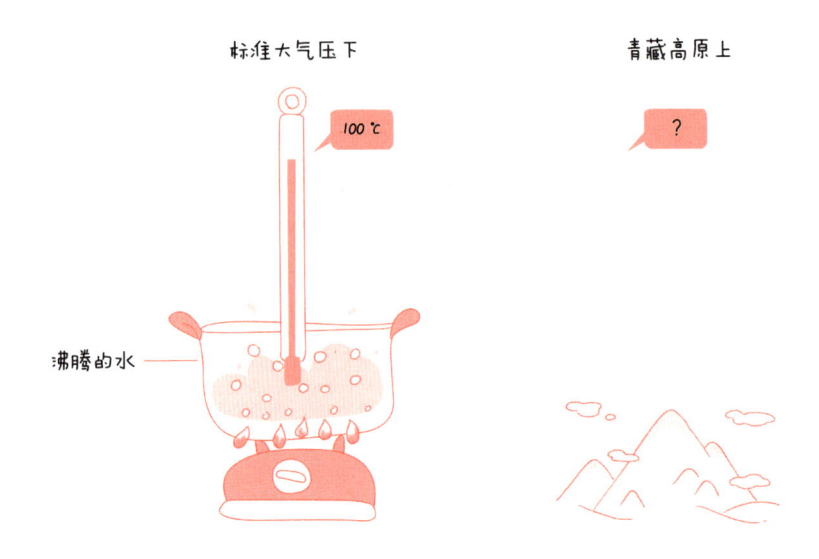

CHAPTER 5
面对诡辩与谎言，如何有效地驳斥？

> 世上的很多事物都是有两面性或多面性的，我们要有辩证思维，需要具体问题具体分析，不能对同类的所有事物一概而论，绝对化意味着走极端，意味着不科学，意味着不合逻辑。

CHAPTER

6

直觉感受与逻辑思考，该相信哪个？

LOGIC AND LIFE

逻辑学与生活

爱迪生是怎么计算灯泡体积的？

说起爱迪生，许多人会想到灯泡。事实上，灯泡早在1854年就出现了，它并不是爱迪生发明的，爱迪生是找到了合适的材料，发明了实用性强的白炽灯。

爱迪生有一位名叫阿普顿的助手，毕业于普林斯顿大学数学系。有一天，爱迪生把一只灯泡交给阿普顿，让他计算灯泡的体积。阿普顿拿着灯泡看了又看，觉得灯泡应该是梨形的，心想：这不太容易计算，但是难不倒我！

阿普顿拿着尺子上下量了量灯泡，又画出一张草图，而后列出一大堆密密麻麻的公式。他计算得很认真，额头上沁出了汗珠。几个小时过去后，桌子上堆满了验算的稿纸……又过了一个小时，爱迪生询问阿普顿有没有计算出结果，阿普顿一边擦汗一边说："快了，快了，就快算出来了。"又过了好久，阿普顿还是没能算出答案。

爱迪生强忍住笑，拿过灯泡，半分钟就给出了答案，你知道他是怎么计算的吗？

爱迪生拿过灯泡，将其沉到洗脸池中，让灯泡灌满水，然后把灯泡里的水倒进量筒，瞬间就得出了答案。阿普顿利用数学方法来计算灯泡体积，不仅要用到微积分中求旋转体体积的知识，还需要知道灯泡截面曲线的函数方程，计算过程非常复杂。

讲这个故事，不是为了对爱迪生和阿普顿进行褒贬，而是想说明：在解决问题的过程中，逻辑思维与直觉思维都发挥着作用。阿普顿的逻辑思维与计算能力固然令人钦佩，爱迪生的直觉思维也为计算灯泡体积提供了简单高效的途径。

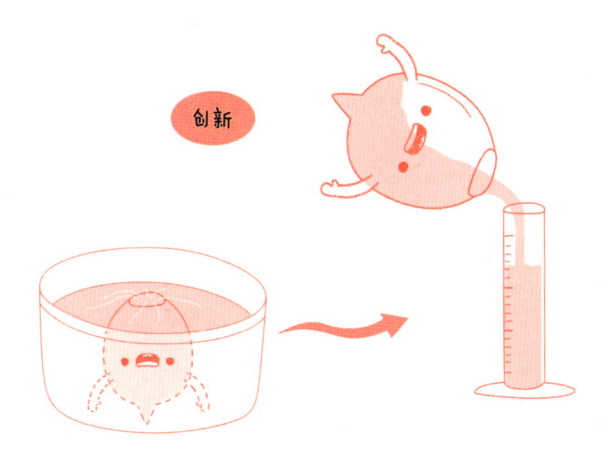

01 思维是一场双向运动

✎ 直觉思维

直觉思维，就是建立在个人直觉的基础上，不经过推理和分析的过程，直接对认识对象下结论的思维方式，具有迅捷性、直接性、本能意识等特征。

当我们陷入某种情境或某个问题中时，大脑会下意识地提取过往的经验，从中找寻可复用的方案。一旦大脑搜寻到了类似的情境或问题，就倾向于直接复用当时的解决方案并停止继续思考。

直觉出现的时机，是在大脑处于最佳状态时，大脑皮层形成优势兴奋中心，使出现的种种自然联想顺利而迅速地接通。直觉思维具有自由性、灵活性、随机性、模糊性、创新性、整体性等特点，不受形式逻辑规律的约束，也不遵循归纳逻辑的规律，在创造活动中发挥着积极的作用，许多重大的发现都是基于直觉。

美籍华人物理学家丁肇中在谈到"J"粒子的发现时写道："1972年，我感到很可能存在许多有光的而又比较重的粒子，然而理论上并没有预言这些粒子的存在。我直观上感到没有理由认为这种较重的发光的粒子（简称重光子）也一定比质子轻。"正是在这种直觉的驱使下，丁肇中决定研究重光子，最终发现了"J"粒子，并因此获得诺贝尔物理学奖。

直觉思维有省时省力的效用，可以帮助我们快速优化选择，产生创造性预见。在一些时间紧迫的关键时刻，或是信息不充分的情况下，我们没有条件去做推理分析，此时凭借直觉往往也可以做出力挽狂澜的选择。

然而，直觉思维不总是美好的，它是一种快速的、冲动性的思维，能够迅速得出答案，但也极有可能产生错误。过于依赖直觉去做判断和决策，就可能会落入下面的思维陷阱：

·当一种选择看起来更能代表我们已知的东西时，直觉会赋予其更多的权重。

·直觉会忽视事件发生的基础概率，从而忘掉其发生的潜在可能性。

·同样的实质内容，换一种表达方式，可能会引起直觉的错误判断。

·直觉思维容易受情绪的影响，在愤怒、压力之下采取的行动未必是明智的。

逻辑思维

逻辑思维，是人们在认识事物的过程中借助概念、判断、推理等思维形式能动地反映客观现实的理性认识过程，也称抽象思维。简单来说，就是建立在因果关系之上的反映客观现实的思维方式，具有规范、严密、确定和可重复的特点。

逻辑思维是抽象的、高级的、理性的推理过程，是一种有条件、有步骤、有根据、渐进式的思维方式。只有经过逻辑思维，我们才能实现对具体对象本质的把握，进而认识客观世界。

逻辑是理性思考的规则，学会了逻辑，也就学会了如何更加合理地思考。养成了逻辑思考力，在遇到问题的时候，我们就可以尽量避免带入个人的情感因素或极端思想，摆事实、讲道理，力求客观全面，直击问题的本质。

02 两种思维，哪个更可信？

逻辑思维具有强大的实用性，直觉思维具有更高的创造性。如果光有逻辑没有直觉，就会显得很死板，少了些许灵动和趣味；如果光有直觉没有逻辑，又会显得混乱，且容易生出谬误。

逻辑思维可以弥补直觉思维产生的错误，而直觉思维可以将逻辑思维的成果进行升华。

直觉思维与逻辑思维都是思维力的体现，两种思维并不矛盾。如果你要问：是逻辑思维更准确，还是直觉思维更准确？毫无疑问，逻辑思维的准确率更高！

逻辑思维基于已知的、稳定的规律，其推理过程是严密的；而直觉思维是急性的、假设性的、偶然的、跳跃的，不需要做太多的思考。世界是复杂的，充满了未知，对已知规律的把握和运用，能让我们做出可靠程度更高的选择，而这就是理智。

> 在各种各样的逻辑思维中，有些是正确的，有些是错误的。在运用逻辑思维时，一定要先确定自己的逻辑思维是不是正确的。只有利用正确的逻辑思维，才能够获得正确的结果。

逻辑学与生活

赌徒谬误：千万别被自己坑了

01 带着炸弹坐飞机的呆子

呆子："以前我一直都不敢坐飞机，我询问过专家，他说一架飞机上有炸弹的概率是万分之一，万分之一虽然很小，但还没有小到可以忽略不计的程度。所以，我不敢坐。"

邻座："那你今天怎么敢坐了？"

呆子："我昨天又问了一下专家，一架飞机上有一颗炸弹的概率是万分之一，但一架飞机上同时有两颗炸弹的概率只有亿分之一，这已经小到可以忽略不计了。"

邻座："两颗炸弹和你坐飞机有关系吗？"

呆子："当然有关系！不是说飞机上同时有两颗炸弹的概率很小嘛，我自己带了一颗炸弹，这样就把飞机上有炸弹的概率从万分之一降到了亿分之一！"

听到呆子的解释，你一定觉得很可笑："自己带炸弹"和"别人带炸弹"本是两个独立的事件，把它们莫名地关联在一起，实在是荒谬。虽然这是一个笑话，但它映射出的却是一个不合理的逻辑推理，即赌徒谬误。

02 什么是赌徒谬误？

赌徒谬误，就是错误地认为随机序列中一个事件发生的概率，与之前发生的事件有关，即其发生的概率会随着之前没有发生该事件的次数而增加。

曾有人邀请40位博士参加一个简单的实验：玩100局简单的电脑游戏。在这个游戏中，赢的概率是60%。设计实验的人员给参与者每人1万元，并告诉他们，每次喜欢赌多少就赌多少。那么，这些参与实验的博士，最后有几个人赚到钱了呢？

很遗憾，参加实验的40位博士中，只有2个人在游戏结束时，剩下的钱比原来的1万元要多，也就是5%的比例。实际上，如果他们每次都以固定的100元下注的话，他们完全可以在结束时拥有1.2万元。为什么会出现这样的情况呢？

实验人员总结发现，被试者们倾向于在不利的情况下下更多的赌注，而在有利的情况下下更少的赌注。假定，前三局他们都输了，且每次下的赌注都是1000元，那么手里的钱就减少到了7000元。他们会认为："既然已经连续输了三局，且有60%概率可以赢，那这一次就是赢的机会。"结果，他们下了4000元的赌注，却又遭受了一次损失。然后，他们的赌注就只剩下3000元了，再想把钱赚回来，几乎就不可能了。

这些参与实验的博士掉进了赌徒谬误的思维陷阱，他们误认为随机序列中一个事件发生的概率，与之前发生的事件有关，即其发生的概率会随着之前没有发生该事件的次数而增加。

03 "赌徒"错在何处？

现在，我们可以通过抛硬币的方式来对赌徒谬误进行分析：

・事实真相：重复地抛一枚硬币，正面朝上的概率是50%，即1/2。

・赌徒谬误：连续2次抛出正面的概率是50%×50%=25%，即1/4；连续3次抛出正面的概率是50%×50%×50%=12.5%，即1/8；以此类推，越往后越

逻辑学与生活

难出现连续都是正面的情况，理由是连续的次数越多，概率越小。

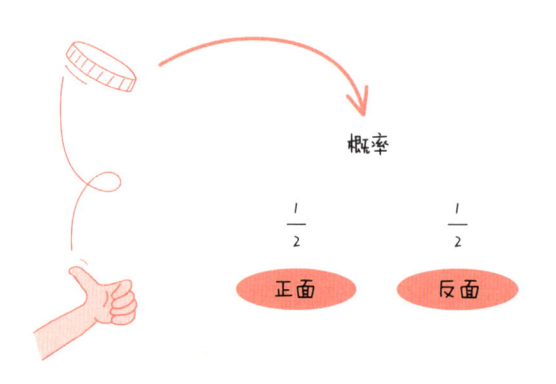

这个推理看起来是以数据为基础的，严谨可信，但它在论证步骤上却犯了错误。

我们要记住，有一个客观事实是不变的——每次抛硬币抛出正反面的概率，永远都是各占50%。抛出正反面的概率，不会因为抛硬币次数的增加而发生任何改变！即便连续抛出了5次正面，在第6次抛硬币时，抛出正反面的概率依然是各占50%。

赌徒谬误，就是认为前后互相独立的随机事件之间存在关联。

抛一次硬币是一个随机事件，再抛一次又是另一个随机事件，第二次的结果并不依赖于第一次的结果，两者之间是没有关联的。

这就好比，有一对父母接连生了3个女孩，他们总觉得第4个孩子是男孩的概率会增大。实际上，第4个孩子是男或女的概率依旧是各占50%，并不因为前面3个都是女孩而改变。

了解赌徒谬误，可以让我们认识到随机事件的独立性，不依照前面事件的状况去推断后面的事件，不痴迷于主观上过度自信的判断，更理性地思考问题，更谨慎地作出决策。

CHAPTER 6
直觉感受与逻辑思考，该相信哪个？

> 赌徒本质上是盲目的乐观主义，相信可以凭借运气战胜概率、赢得赌局。当他们相信了上一局的输赢会影响下一局的结果时，就会陷入赌徒谬误。事实上，两局之间并不真的存在相互影响的关系，这一轮赢的概率与之前赢的概率没有本质的差别。

逻辑学与生活

不要说"所有的天鹅都是白的"

01 火鸡为什么被杀？

有一只火鸡特别喜欢归纳。当它发现主人第一次给它喂食是9点时，它并没有急着下结论，而是继续细心观察。火鸡留意主人每一次给它喂食的时间，包括晴天、阴天、雨天、雪天等不同的天气下，想在主人给它喂食的时间上找出一些规律。

经过一段时间的观察，火鸡发现：无论什么天气，主人都会准时在上午9点给它喂食。于是，火鸡果断地得出结论：主人每天上午9点给我喂食。

就在它做出这个结论后不久，圣诞节来了。火鸡怎么也没有想到，主人在圣诞节这天早上9点，没有再给它喂食，而是把它杀了。

当我们看到天空乌云密布、燕子低飞、蚂蚁搬家等现象时，往往会得出一个判断：天要下雨了。在逻辑学中，这被称为归纳推理。故事中的火鸡，也辛辛苦苦地做了一番归纳，结果却被无情地推翻了，为什么会出现这样的情况呢？

02 归纳谬误

逻辑学中有一个归纳谬误，即无论归纳了多少种事例，归纳的结论始终是充满不确定性的，只要出现了一个反面例子，归纳的结论就会被推翻。

CHAPTER 6
直觉感受与逻辑思考，该相信哪个？

在现实生活中，有些人在收集了一些事例后，发现这些事例可以总结出一个结论，然后就武断地下结论，并坚信自己的结论是对的，不知不觉地陷入偏执之中。殊不知，许多事情没办法根据前面已知的规律推出来，轻率地归纳，可能会掉进不知名的陷阱。

有个富翁老头，家里几代人都不识字，为了能让儿子做一个有文化的人，他特意给儿子请了一位先生。先生从最简单的"一、二、三"教起：一横就是"一"，两横就是"二"，三横就是"三"……富翁的儿子一听，觉得读书写字也太简单了，就跟先生说："您不用教了，我都会了。"富翁见儿子学得那么快，认为他天资聪颖，就把先生给辞退了。

数日后，富翁邀请一位姓万的朋友来家里做客，就让儿子写一封请帖。可是，等了许久，也不见儿子从书房出来。于是，富翁就去催促儿子，儿子抱怨说："他姓什么不好，偏偏姓万，我从早上写到现在，也才写了五百横！"

富翁的儿子由"一横就是一""两横就是二""三横就是三"推出"万字就是一万横"，实在可笑。人们之所以会犯轻率归纳的错误，往往是因为过分相信经验。

经验不一定都是可靠的，如果总是把经验作为论据，当成解释事物的出发点，或是分析事物的基础，就可能做出错误的判断。比如，人们在发现黑天鹅之前，一直都认为所有的天鹅都应该是白色的。更有甚者，还可能会因轻率归纳酿成无法挽回的悲剧。

泰坦尼克号的船长史密斯曾说："根据我所有的经验，我没有遇到任何……值得一提的事故。我在整个海上生涯中只见过一次遇险的船只，从未见过失事船只，从未处于失事的危险中，也从未陷入任何有可能演化为灾难的险境。"

这位大名鼎鼎的船长，根据过往的航海经历归纳海上旅行的安全性高。结果呢？我们都知道了后来发生的事——他随着泰坦尼克号沉入了冰冷的大西洋中。

03 华罗庚的提示

由观察个体得出普遍适用的结论，是一个危险的倾向，因为一次例外就可以彻底否定一条经过上千次证明的理论。对于这种归纳错误的现象，数学家华罗庚提示我们——

当你从一个袋子里摸出来的第一个玻璃球是红色的，第二个，甚至第三个、第四个玻璃球都是红色的时候，你会立刻产生一种猜想：袋子里的玻璃球都是红色的！

可是，当你摸出一个白色的玻璃球时，你的这一猜想就会被推翻，转而被另一种猜想替代：是不是袋子里都是玻璃球？当你再从袋子里摸出一个木球时，你的这一归纳猜想又会被推翻，转而产生一种全新的猜想：是不是袋子里装的都是球？

最后的这个猜想，到底对不对呢？

答案是，仍然要进行检验！只有把袋子里的东西全部摸出来，才能够得出结论！

我们需要归纳法，但我们不可以忘记，所有确信都是暂时的，一旦对某些事物产生路径依赖，或是"想当然"，就可能面临失误。

> 归纳推理能够帮助我们处理不少问题，但客观世界是很复杂的，我们的认知层次受限，过去的规律和经验不一定能够帮我们解决当下的困境。

你愿意为"零风险"支付多少钱?

俄罗斯轮盘是一个伴随着极大风险的游戏,游戏需要的道具是一把6发式左轮手枪和1颗子弹。玩法很简单,把1颗子弹装入左轮手枪,扣上转轮,关闭闭锁。然后,用手拨转轮使其快速旋转,直至停在某一随机位置。游戏双方轮流拿起枪,对准自己的太阳穴扣动扳机,直至有人死亡或认怂,其间不得再拨动或者推出轮转弹仓。

假设你必须玩这个游戏,且轮到你扣动扳机了。现在,请你回答两个问题:

· 假如你知道枪膛里有4颗子弹,你愿意付多少钱,将其中的2颗子弹从枪膛里取走?

· 假如你知道枪膛里只有1颗子弹,你愿意付多少钱,把这颗子弹从枪膛里取走?

对大多数人而言,显然在第二种情况下愿意支付的钱更多,因为取走那颗子

逻辑学与生活

弹，就能把死亡的风险降为零。单纯地看死亡概率降低的幅度是没有意义的。

在第一种情况下，你将死亡概率降低了1/3；而在第二种情况下，你将死亡概率降低了1/6。所以，第一种情况应该是更有利的，只是有某种东西驱使着我们过高地评价零风险。

零风险偏误

人类很难区分各种风险，除非风险为零。对零风险的信任，使得人们常常愿意投资过多的钱，为了彻底消除微小的剩余风险。事实上，人们本来可以更好地投资这笔钱，更显著地降低另一种风险。这种思维错误，被称为零风险偏误。

美国1958年颁发的食品法规定，禁止食品中含有致癌物质。这一全盘禁止（零风险）听起来很好，但实际上却导致了不致癌却更危险的添加剂的使用。

这样的做法是没有意义的，现代药理学之父帕拉塞尔苏斯早在16世纪就告诉我们，有毒只是一个剂量的问题。最后，美国的这一条食品法没能有效实施，因为我们无法去除食品中所有的"违禁"分子。倘若得以实施，那么这种食品的价格会上涨数百倍。

生活中存在零风险的情况吗？

开车的时候，只有当速度为每小时0公里时，才能达到零风险。把钱存到银行，也不是绝对安全的选择，因为银行也有破产的可能。

所以，理性一点，告别零风险的想象吧！

> 追求绝对的零风险是愚蠢的，这在大多数时候是不切实际的，而且"零风险"还常常成为政客或商家的欺骗口号，让我们为此付出过高的代价，或做出错误的决定。

CHAPTER 6
直觉感受与逻辑思考，该相信哪个？

容易把人带进误区的联想机制

01 抽细烟能让身材变好？

如果你看过维珍妮细烟的广告，你一定会对它印象深刻。

我们先来认识一下"维珍妮"，它不仅是香烟品牌的名字，也是女性的人名。这个名字经常和年轻漂亮的女子一同出现在画面中，让人很自然地产生了"画面中的女子叫维珍妮"的联想，而这恰恰是广告商所希望的。

接着再看"细"这个字，它准确地描述了这种香烟的外形要比其他品牌的香烟细，但同时它也会让人想到纤细，如纤细的腰围、纤细的身材。

这样的设计，无疑让人们产生了固定联想，而这也是广告商希望人们产生的联想：维珍妮香烟似乎能够让广告中的女子变得纤细，因为广告中的那名女子比现实中的多数女子都要瘦。推而广之，抽维珍妮细烟可以让女性身材变得纤细。

02 联想机制的"两面性"

联想是大脑学习事物的基本原则，一旦两个对象在意识中牢牢地联结在一起，我们看到其中一个就会想起另一个。从某种意义上说，我们需要感谢联想机制，它让人类心智产生了伟大的成就，创造了文学、美术和音乐，也促进了科学进步。但从另一个角度来说，我们也要警惕联想机制，它可能会被别有用心的人利用，将我们引入"误区"。就像维珍妮烟草公司，它无疑是希望借由固定联想，让人看到维珍妮细烟时即刻就联想到年轻、性感、纤细，这就是他们的目的。

03 "斩来使综合征"

联想偏误，经常会影响决策质量。

人们都不喜欢带来坏消息的人，这种现象在英文中被称为"斩来使综合征"，原因就是将信使和坏消息联系在了一起。首席执行官和投资者们也存在这种无意识的倾向，总想避开送来坏消息的人。结果导致只有好消息能抵达上层，于是就形成了一张被扭曲的形势图。巴菲特深谙这一点，所以他指示公司的首席执行官们——不要告诉我好消息，只告诉我坏消息，且要直截了当！

> 我们应该注意，一个经历里隐藏着多少智慧，我们就只吸取多少——不要多；好让我们不像坐过热灶台的猫一样。被烫过的猫永远不会再坐到热灶台上去——这是对的；但它也永远不会再坐到冷灶台上去了。
>
> ——马克·吐温

CHAPTER 6
直觉感受与逻辑思考，该相信哪个？

一群聪明人合伙做出了蠢决定

01 意见一致，不是好事？

在通用汽车公司的一次重要会议上，斯隆听取了大家的发言后，总结道："在我看来，大家都有了完全一致的看法。"出席会议者频频点头表示同意。

然而，斯隆话锋一转，又说道："现在我宣布——休会！这个问题延期到我们听到不同意见时再开会决策！"

按照常理来说，召开会议的目的，不就是为了就某一问题达成一致的意见吗？怎么还要延期到"听到不同意见"呢？

斯隆选择延期到"听到不同意见"时再作决策，是为了避免群体思维的陷阱。

02 什么是群体思维？

在群体决策中，人们往往会为了维护群体和睦而压制异议，社会心理学家欧文·贾尼斯将这种现象称为"群体思维"。在群体思维的支配下，会议中很容易产生错误决策。

群体思维，最早出现在贾尼斯写的一本书的书名中。他对大量错误的群

逻辑学与生活

体决策进行分析后，得出了一个结论：一个群体的内聚力越强，就越容易导致群体思维的错误。

1960年3月，美国情报机构开始组织反共的古巴流亡者，想利用他们对付卡斯特罗政权。1961年1月，肯尼迪总统就职，两天后他从情报部门获悉占领古巴的秘密计划。1961年4月初，白宫做出重要决定，肯尼迪及其所有顾问都同意了这个入侵计划。

1961年4月17日，在美国海军、空军和中央情报局的帮助下，由1500名流亡的古巴人组成的一个旅在古巴西南海岸猪湾登陆，他们的目标是推翻卡斯特罗政府！

没想到，事情的进展和计划完全不一样！

第一天，没有一艘补给船抵达海岸，因为前两艘船被古巴空军击沉了，后两艘船掉头逃走了。第二天，这个旅就被卡斯特罗的军队完全包围。第三天，1200名幸存的士兵全部被俘。

对美国来说，这次未成功的进攻，不仅是一次军事任务的失败，也是一次政治决策的失误，因为支持这次进攻的全部假设都是错误的。更令人惊讶的是，这样一个荒谬的计划竟然会被执行。面对猪湾惨败，肯尼迪总统愤怒地问道："我们怎么会这么蠢？"他得到的答案是："团体中的成员太蠢。"事实是不是这样呢？

我们来看看入侵猪湾的计划者都有谁：麦克纳马拉、道格拉斯·狄龙、罗伯特·肯尼迪、麦克乔治·本迪、阿瑟·施莱辛格、迪恩·鲁斯克、艾伦·杜勒斯……试问：哪一个是蠢人？

然而，就是这样一群聪明人，制订出了那个荒谬又愚蠢的计划。

03 猪湾事件的启示

借由猪湾事件，我们要记住以下几点启示：

〇启示1：聪明人也可能会做出愚蠢的决定

猪湾事件的计划者们知道自己很聪明，认为自己不可能失败。但事实是，聪明人也可能做出愚蠢的决定。因为真正重要的不是你有多聪明，而是你有多正确，你对事物的推理有多透彻。要控制局势，靠的不是意见、智商、名声和过去的经验，而是以证据支撑的推理。支持结论的证据越多，结论就越可能是正确的。

〇启示2：有不同意见者，会碍于群体压力而放弃己见

很多时候，群体的个别成员不想提出反对意见，一方面是担心自己的说法遭到嘲弄，另一方面是不想浪费团体的时间。施莱辛格曾在备忘录中表示——"入侵古巴是不道德的"，但在团队会议时他却没有表态，因为有人告诉他："总统已下定决心，多说无益。"

〇启示3：在压力下所作的思考，不如放松状态下的思考周全

肯尼迪在行动失败后试图解释这次错误："中情局只给我们两个选项，入侵或什么都不做。"这个说法是真是假不得而知，但能够肯定的是，总统可以改变自己的决策，真正的主导者是他，并不是中情局。

群体领袖肯尼迪，早就表明自己支持入侵行动。这让其他成员产生了一种错觉，觉得政策已经决定了，反对总统可能会给自己带来政治风险。这项决

策很重要，也很复杂，总统又在压缩成员讨论的空间，让他们面对极大的压力与束缚。人在压力下所作的思考，通常不如在放松状态下的思考周全。

社会影响力对人的实践、判断和信念有很大的影响。我们需要意识到：共识有可能是危险的，因为群体思维容易让人脱离现实，得出错误的观点，甚至导致灾难。

> 与群体一致是普遍的做法，可当为了顺从群体而违背现实原则，远离真理走向错误，并纯粹以群体的想法作为判断基础时，就会犯群体思维的错误。

CHAPTER

7

只要给出理由，结论就是对的吗？

LOGIC AND LIFE

逻辑学与生活

论证不是"想怎么推就怎么推"

大明白给小糊涂讲逻辑学，谈到了直言三段论。

大明白："直言三段论，是借助一个共同概念，把两个直言判断联结起来，从而得出结论的演绎推理：先列出陈述（通常是两段），也就是前提，大前提表示一般原理，小前提表示具体情况，在两个前提的基础上得出结论。"

小糊涂挠挠头，说："没听懂。"

大明白："这样吧，我给你举个例子阐述一下，就容易理解了。"

大明白的例子：

——大前提：所有哺乳类动物都是温血动物。

——小前提：狗是哺乳类动物。

——结论：所以，狗是温血动物。

小糊涂："噢，那我知道了，我也来给你举个例子。"

小糊涂的例子：

——大前提：辩证法是马克思主义的灵魂。

——小前提：黑格尔哲学是辩证法。

——结论：所以，黑格尔哲学是马克思主义的灵魂！

大明白听得目瞪口呆，叹着气说："直言三段论，不是想怎么推就怎么推……"

看到小糊涂的论断，是不是觉得荒谬之极？马克思主义辩证法是唯物辩证法，黑格尔辩证法是唯心主义辩证法，虽然都叫"辩证法"，但根本不是一回事儿！

01 直言三段论的公理

论证是一门学问，有不可违背的规则，只有符合规则的三段论，得到的结论才是可靠的。

直言三段论之所以能够从前提必然地推出结论，是因为它以直言三段论的公理作为依据。所谓公理，就是不证自明的道理，比如："两点之间直线最短""整体大于局部""猫是哺乳类动物"等。直言三段论的公理，是客观事物的最一般、最普遍的关系在人们意识中的反映，是人类经过亿万次重复实践总结出来的，且不断为实践所证明。

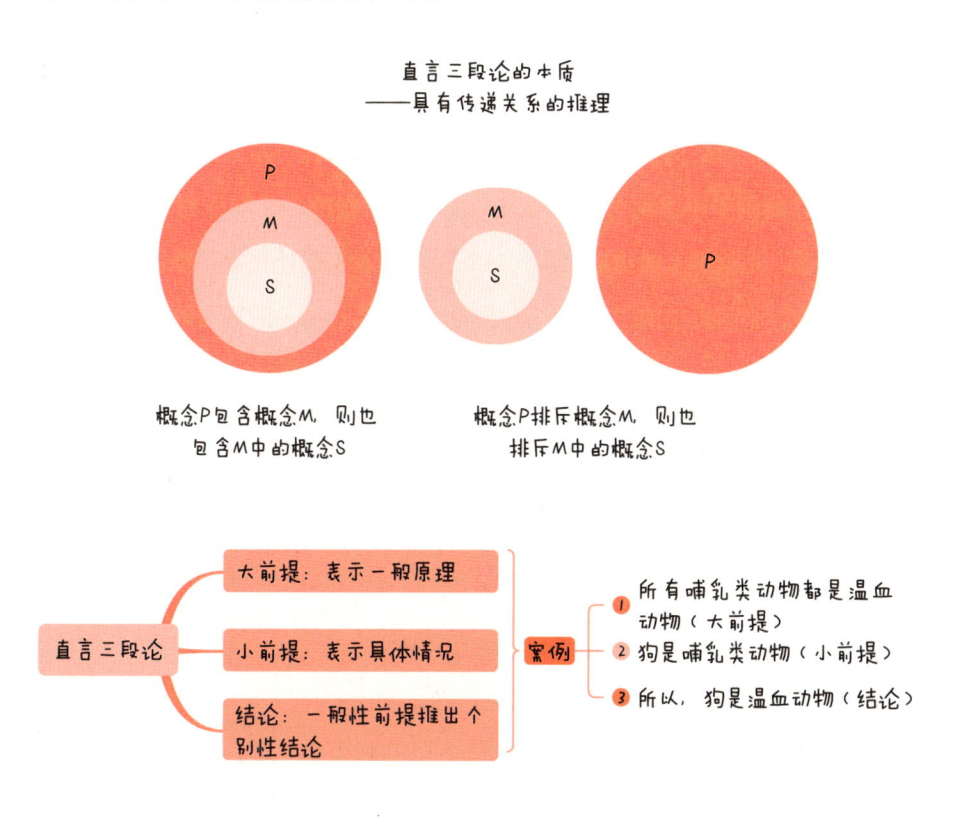

直言三段论的本质
——具有传递关系的推理

概念P包含概念M，则也包含M中的概念S

概念P排斥概念M，则也排斥M中的概念S

直言三段论
- 大前提：表示一般原理
- 小前提：表示具体情况
- 结论：一般性前提推出个别性结论

案例
1. 所有哺乳类动物都是温血动物（大前提）
2. 狗是哺乳类动物（小前提）
3. 所以，狗是温血动物（结论）

02 违背直言三段论的规则会怎样？

如果违背了直言三段论的规则，就容易出现以下几种谬误：

四概念谬误

在一个三段论中，有且只能有三个不同的概念，如果把两个不同的概念当作同一个概念使用，以致在三段论中有四个概念，就犯了四概念的逻辑错误。

——大前提：物质是永恒不灭的。

——小前提：恐龙是物质。

——结论：所以，恐龙是永恒不灭的。

"恐龙是永恒不灭的"这一结论，与前文故事中的"黑格尔哲学是马克思主义的灵魂"的结论一样荒谬！实际上，这两者都犯了四概念谬误。

在上述的例子中，两个前提中的"物质"所指的不是同一对象。大前提中的"物质"是哲学上的物质概念，指在我们的意识之外且不依赖于我们意识的客观存在；小前提中的"物质"是指具体的物体，指一般物质的具体形态。

不当周延

如果在结论之中，有一个用语提到整个类别，那指向结论的证据必然会清楚地告诉我们这整个类别。如果一个论证破坏了这个规则，那它就犯了不当周延的谬误。

——大前提：所有的白天鹅都是天鹅。

——小前提：所有的白天鹅都有白色的羽毛。

——结论：所以，所有的天鹅都有白色的羽毛。

在上述的例子中，前提只提到了整个类别中的某一部分（所有的白天鹅是天鹅类别的一部分），但是结论却涵盖了该类所有的部分（所有的天鹅，既包括白天鹅，也包括黑天鹅），这就是不当周延的谬误。

双否定前提

在三段论中，两段前提为证据，结论由前提推演而来。如果两段前提都是否定的，则不能据以有效地推出结论，这种谬误被称为双否定前提谬误。

——大前提：不喜欢吃甜品的人比较瘦。

——小前提：有些抽烟的人不喜欢吃甜品。

——结论：所以，有些抽烟的人比较瘦。

这个三段论看起来很简单，但其中的逻辑很不靠谱。前面两个否定的前提，并没有说明抽烟者的任何问题。有些抽烟的人比较瘦，可能是因为身体健康出了问题，和吃甜品没关系。

生活中有些人经常会采用让人更容易相信的事实，以塑造具有说服力的否定式句型，比如提及一些大家都知道的事——"没有被免职的人是细心的""没有国家领导人是懒惰的"。但无论他们玩出什么"花样"，我们都要记住：如果两段前提都是否定的，就不能据以有效地得出结论，至于对方说了什么内容，不用耗尽心思去琢磨。

> 每个直言三段论，在前提中出现两次而在结论中不出现的名词，都必须是同一的，必须指同一对象，具有相同的内涵和外延。否则的话，它就无法把结论中的主词和宾词联结起来，就**不能得出正确的结论。**

逻辑学与生活

为什么东施效颦会遭人耻笑？

春秋末年，越国有一位知名的美女，名叫西施。

西施长得亭亭玉立，婀娜多姿。有一天，她突发心痛病，胸口疼痛难忍，便用手按住胸口，愁眉蹙额，从村里走过。村里人见她那副表情，觉得比平日更有一种妩媚的风姿。

同村的丑女东施，听闻大家赞扬西施的美貌，误以为是西施愁眉蹙额的缘故。于是，她也效仿西施的模样，故意用手按住胸口，紧皱眉头，慢吞吞地从村里走过。

没想到，村里人见到她这副样子，都表现出嗤之以鼻的态度，称她是丑人多作怪，不忍直视。有一位不怕得罪人的老妇人，当着东施的面挖苦她说："你皱眉的时候，眉头上的皱纹太深了，再捂住胸口弯着腰，跟个老太婆一样！"

东施本是想效仿西施的美态，结果为什么会惨遭失败，还被人当成了笑话呢？

01 生搬硬套的机械类比

原因在于，东施只知道西施捂住胸口、皱着眉头的样子好看，却不知道西施的美是客观存在的，不是按住胸口、愁眉蹙额所致。她无视自身的条件，生搬硬套，效仿西施的动作，上演了一出笑话。从逻辑学上来说，东施犯了机械类比的谬误。

✏ 机械类比

将两个性质完全不同，仅表面有某些相似的对象进行类比，就叫作机械类比。这种类比方式违背了类比推理的规则，推出的结论并不可靠。

类比推理是推理的一种形式，即根据两个事物在某些属性上相同或相似，通过比较而推理出两者在其他属性上也相同或相似的推理过程。不过，类比推理的运用是有一定条件的：只有当人们已经掌握了有关两种事物的一定知识，确知两种事物之间有一定程度的联系，才能从已知的相同的属性，推断它们的其他属性也可能相同。如果两个对象完全是"风马牛不相及"，或两个对象的共同属性与推出属性没什么联系，就不能运用类比推理。

02 如何破斥机械类比？

如果有人胡搅蛮缠，非要把不相关、不具可比性的事物生拉硬扯地放在一起作比较，试图用诡辩的方式达成自己的目的，我们要如何破斥这一谬误呢？

我们可以按照对方的类比发展下去，直至得出荒谬的结论！

——"乌龟只有把头伸出壳外，才能向前进；公司只有愿意冒险，才能有发展。"

如果你不认同这种观点的话，你可以反问对方：

——"按照这样的类比，那是不是公司也应当像乌龟一样，行动时要缓慢，遇到危险就要把头缩进壳里呢？"

用来类比的东西，原本就不可能是同一个东西，不同的东西肯定有不同的地方，而这个本质上不同的地方，就可以用来攻击类比不当！

> 类比是一种表达思想、进行说服和教育的有力工具,但在运用类比推理的过程中,类比前后的事物必须有尽可能多的共性,且两事物的本质属性与结论之间也要具备一定的必然联系,不能将没有联系、不具可比性的事物生拉硬扯地放在一起作类比。

前提"有问题",结论也靠不住

01 庞振坤是不是麻子?

清朝乾隆年间的才子庞振坤,为人机智幽默,留下不少趣闻。

有一回,庞振坤得罪了当地的财主,对方就设计了一个圈套陷害他,称庞振坤家里养的"贼"偷了自己的东西。跟随差役去衙门的路上,庞振坤向熟人要了一个纸盒套在头上,把脸遮住,只露出两个眼睛。

到了衙门的大堂,庞振坤对县官说:"家里养了贼,实在没脸见人,这才用纸盒遮住。"

县官问那贼:"这是你的主人?"

贼说:"是的。我在他家已经三年了。"

这时,庞振坤问那贼:"我庞振坤没什么名气,但我这个庞大麻子是远近闻名的。你在我家里住了三年,你说说看,我是大麻子还是小麻子,是黑麻子还是白麻子?"

贼愣了一会儿,心想:我得说一个"活话儿"!于是,那贼回答道:"你的这个麻子,不大不小,不黑不白。"

庞振坤笑着取下纸盒,说:"县太爷,您看看我脸上,哪儿有麻子?"

见事情败露,那贼不打自招,结果被判了诬陷罪。

庞振坤的机智可见一斑,他向"贼"提了一个巧妙的问题:"我是大麻子还是小麻子,是黑麻子还是白麻子?"不管"贼"怎么回答,都是承认"庞

逻辑学与生活

振坤的脸上有麻子"！

02 预设谬误：前提"有问题"

生活中有一些论证是依赖于假设的，即依赖于那些被认为理当如此的、有力的预设或背景信念。但是，如果论证一个存在争议的信念理当如此，就犯了预设谬误。

✎ 预设谬误

预设谬误，是指预先假设一个未经证明或虚假的前提，并在该前提下进行看似合理的推理。如果假设本身存在问题，那么结论自然也不成立。

通常来说，预设谬误存在以下几种情况：

1.争议前提

——"当今世界上没有人真正幸福！因此，人类并非为幸福而存在。我们为什么还要期盼这无可寻得的事物呢？"

上述论证的前提是"当今世界上没有人真正幸福"，这个前提是可靠的吗？显然，它是存在争议的，需要认真论证一番，甚至有可能是错误的。所以，这个论证无法证明人类并非为幸福而存在，也不能证明我们不该期盼幸福。

2.复杂问句

——"我是大麻子还是小麻子，是黑麻子还是白麻子？"

复杂问句，是指以问句预设了某些假设为真的方式来询问。当一个问句是复杂的，且掩藏着多个预设时，就必须逐个否定，不然就会导致对其他假定的肯定。

3.虚假选言

——"一瓶溶液，要么是酸性的，要么是碱性的！"

虚假选言，是指选言推理中的选言前提虚假。最常见的情况是，选言前提没有穷尽，也就是选言前提中，没有把可能的几种选项全都列举出来。在上述的选言前提中，就漏掉了"溶液是中性的"这一可能，所以它犯了虚假选言的谬误。

4.窃取论题

——"为什么中国人喜欢说谎？"

窃取论题的谬误，是指要求听者直接接受结论，而不给出任何真正有价值的证据，故意隐去某个重要却存在争议的假设。

以上述论题来说，应该先论证"中国人是否爱说谎"，但说话者直接把"中国人爱说谎"这个命题作为事实来提问，之后只能就"为什么"来作答，而不能去论证"中国人是否爱说谎"，这就是窃取论题。

5.例外谬误

——"狗是友好的动物，我的杰克是一只狗，所以杰克是友好的动物。"

"狗是友好的动物"是真的，但这个规则对于杰克来说并不适用。据邻居反映，那只名叫杰克的狗，最近咬伤了主人的2位朋友，还有3名路人。狗主人的那番说辞，简直就是赤裸裸的诡辩。当一个论证判定某个情况符合某个普

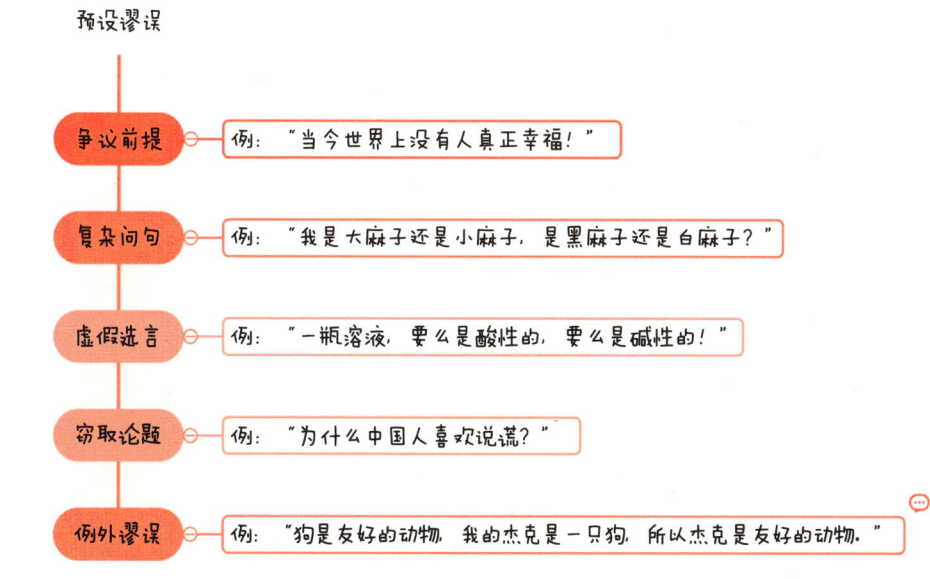

预设谬误

- 争议前提 —— 例："当今世界上没有人真正幸福！"
- 复杂问句 —— 例："我是大麻子还是小麻子，是黑麻子还是白麻子？"
- 虚假选言 —— 例："一瓶溶液，要么是酸性的，要么是碱性的！"
- 窃取论题 —— 例："为什么中国人喜欢说谎？"
- 例外谬误 —— 例："狗是友好的动物，我的杰克是一只狗，所以杰克是友好的动物。"

遍规则或原则，而事实上这是一个例外情况时，这个论证就犯了例外谬误，属于削弱论证的一种预设谬误。

> 人们在推理的时候，往往会基于某些假设，但大多数情况下，这些假设并不显示推理的理由，而是被当作隐形的前提。由于其隐形功能，当最基础的前提出现很小的问题时，并不容易被人察觉。所以，务必要当心有些人利用预设谬误来进行诡辩。

CHAPTER 7
只要给出理由，结论就是对的吗？

不是所有的"如果……那么……"都成立

01 马克为什么被无罪释放？

某天上午11点左右，一位富商乘坐敞篷车行驶到中心大厦时，突然有人在10秒内连开5枪，3颗子弹击中了富商要害。案发后，警察根据弹道轨迹确定，枪手是在中心大厦五楼进行射击的。经过一番排查，最终逮捕了一个名叫马克的嫌疑犯。

马克："凭什么抓我？我是大厦的工作人员！有什么证据证明人是我杀的？"

警察："案发当天11点，你在五楼逗留，这足以证明一切！"

马克："那天我在五楼办理业务，五楼的人那么多，为什么说我是凶手？"

警察："我们发现，你之前用'苏珊'这个假名字购买了一支65毫米卡宾枪，这说明你早有预谋！"

马克："我的证件丢了，苏珊是我太太，我以她的名义买的，这有什么问题吗？难道有枪的人就是凶手？"

警察："我们调查了你的档案，发现你曾经获得过射击比赛特等优秀射手奖。只有你这种精于射击的人，才能在10秒内连开数枪。种种迹象表明，你就是杀人凶手！"

警察摆出了证据，马克却矢口否认。法庭上，马克的律师将警察的指控全部驳倒，最终法官认定，警察的指控缺乏证据，马克被无罪释放。

逻辑学与生活

马克为什么会被无罪释放呢？原因就是，警察的指控站不住脚，在推理时没有遵守假言推理中必要条件和充分条件推理的基本规则。

02 什么是假言推理？

所谓假言推理，就是前提中有一个假言判断，并且根据假言判断前后件的真假关系进行推演的推理。现实中经常用到的有两种，一是充分条件假言推理，二是必要条件假言推理。

✎ 充分条件假言推理

充分条件假言推理，就是前提中有一个充分条件假言判断，并且根据充分条件假言判断前后件的真假关系进行推演的推理。

推理规则1：肯定前件，就要肯定后件；否定前件，不能否定后件。

推理规则2：肯定后件，不能肯定前件；否定后件，就要否定前件。

根据上述的两条规则，可得出两个有效的推理形式：

√肯定前件式：如果P，那么Q；P，所以Q。

√否定后件式：如果P，那么Q；非Q，所以非P。

——"如果下雨了，地面就会湿；下雨了，所以地面湿了。"

——"如果他是案犯，他就有作案时间；经调查他没有作案时间，所以他不是案犯。"

在"如果……那么……"的论证结构中，"如果"的部分是前件，"那么"的部分是后件。通常来说，前件是来证明后件的，且两者不能颠倒。我们可以肯定前件，也可以否定后件，这都说得通。但是，否定前件和肯定后件，就会出现谬误。

×否定前件式：如果P，那么Q；非P，所以非Q。

×肯定后件式：如果P，那么Q；Q，所以P。

——"如果下雨了，地面就会湿；没有下雨，所以地面不会湿。"

——"如果要出国留学，就得学英语；他学英语，所以他要出国留学。"

✎ 必要条件假言推理

必要条件假言推理，就是前提中有一个必要条件假言判断，并且根据必要条件假言判断前后件的真假关系进行推演的推理。

推理规则1：否定前件，必须否定后件；否定后件，不能否定前件。

推理规则2：肯定后件，必须肯定前件；肯定前件，不能肯定后件。

根据上述的规则，可得出两个有效的推理形式：

√否定前件式：只有P，才Q；非P，所以非Q。

√肯定后件式：只有P，才Q；Q，所以P。

——"只有油箱里有油，汽车才能正常发动；油箱里没有油，所以汽车不能正常发动。"

——"只有年满18周岁，才有选举权；小张有选举权，所以小张年满18周岁。"

在运用必要条件假言推理时，最容易犯的逻辑错误是肯定前件式与否定后件式：

×肯定前件式：只有P，才Q；P，所以Q。

×否定后件式：只有P，才Q；非Q，所以非P。

——"只有油箱里有油，汽车才能正常发动；油箱里有油，所以汽车肯定能正常发动。"

——"只有肥料充足，庄稼才能长得好；庄稼长得不好，所以肥料不充足。"

03 为何警察的指控缺乏证据？

了解了假言推理的规则后，让我们回到"警察指控马克枪杀富商"的案

逻辑学与生活

例中，来分析一下为什么法官认为警察的指控缺乏证据。

指控1："只有当时在五楼的人才是凶手，马克当时在五楼逗留，所以他是凶手！"违背必要条件假言推理的规则，犯了"肯定前件"的谬误：只有P，才Q；P，所以Q。参照"只有油箱里有油，汽车才能正常发动；油箱里有油，所以汽车肯定能正常发动"。

指控2："只有精于射击的人才能在10秒内连开5枪，马克曾得过优秀射手奖，所以他是凶手！"理由同上，违背必要条件假言推理的规则，犯了"肯定前件"的谬误。

指控3："凶手有65毫米卡宾枪，马克有这样一支枪，所以马克是凶手！"违背充分条件假言推理的规则，犯了"肯定后件"的谬误：如果P，那么Q；Q，所以P。参照"如果要出国留学，就得学英语；他学英语，所以他要出国留学"。

如上所述，警察给马克定罪的三个推理都不符合逻辑规则，既然证据不足，马克自然就被无罪释放了。关于假言推理就介绍到这里，你掌握了多少？

> 假言推理反映了事物情况之间的条件关系，应用假言推理，我们能够由某个事物的情况是否存在，推出另一事物的情况是否存在。

CHAPTER 7
只要给出理由，结论就是对的吗？

你犯过"稻草人谬误"吗？

01 说话"噎人"的孔雀西子

生活在森林里的小猴子卡尔，身边的朋友很少，它特别渴望交朋友。

有一天，卡尔到湖边喝水，刚好看到孔雀西子在对着湖面照镜子。

卡尔连忙跟西子打招呼："嗨！你好！"

西子一向很傲慢，看了一眼卡尔，说："你好！"转身就要走开。

卡尔很着急，忙拦住西子："你今天看起来真好看，我能和你交个朋友吗？"

西子昂起下巴，笑着说："你是说我今天好看，昨天就不好看了吗？"

卡尔哑口无言，不知道该怎么回答。它呆呆地站在原地，望着西子优雅地转身离去，嘴里喃喃自语："嗯？昨天不好看吗？昨天也好看呀！"

小朋友读这则故事，感受到的可能是孔雀西子的傲慢或刁蛮无理。我们看这则故事，除了读出表层的意思外，还应当辨识出西子的话中存在一个明显的逻辑错误，即稻草人谬误。

02 为什么叫"稻草人谬误"？

稻草人谬误是一种比较常见的不相干谬误，即论证的前提与结论之间毫无逻辑关联的一种不当推理方式。在辩论过程中，为了反驳对方的立场，而歪曲、夸大或以其他方式曲解之，使被攻击的不是对方的真实立场，而是更容易被批判或拒绝的立场，就属于稻草人谬误。

许多朋友都见过庄稼地里的"稻草人"，它们穿着人类的衣服，远远看去就像一个"真人"。人们之所以在田里放置稻草人，是因为无法时刻守在庄稼旁边，需要借助稻草人这个道具吓走飞禽走兽。了解"稻草人"的由来和用途，有助于我们理解逻辑学上的稻草人谬误。

我们可以这样理解稻草人谬误的过程：A想要反驳B，就在B的旁边故意树起一个稻草人代表对方，然后以攻击稻草人的办法来冒充对对方的反驳。

03 "稻草人谬误"是无心之过吗？

稻草人谬误，通常并不是无心之过，而是刻意歪曲对方的论点。

——甲："我并不认为孩子应该在大街上乱跑。"

——乙："把小孩关起来，不让他们外出活动，呼吸新鲜空气，那真是太愚蠢了。"

甲的观点是，孩子最好不要在大街上乱跑。然而，乙在反驳甲的观点时，却故意曲解，树立了一个稻草人——"把小孩关起来"。要避免孩子在大街上乱跑有很多方法，甲从未提过"把小孩关起来"，显然这是乙犯的逻辑谬误。

——妻子："结婚了就要和其他异性保持一定的距离。"

——丈夫："那我还不能和别人说话了啊！"

妻子的真实观点是——"结婚后要认清自己的身份角色，和其他异性相处时要懂得避嫌"，而丈夫故意树立了一个稻草人——"结婚后不能和其他异性说话"，曲解妻子的原意。倘若妻子没有指出丈夫所犯的逻辑谬误，而是顺着对方的思路与之争辩，不仅要大费一番口舌，还可能无法达成共识。这也提示我们：论证观点要对事不对人，紧紧围绕给定的论点。如果为了削弱对方的论点而故意歪曲其论证，就犯了稻草人谬误。

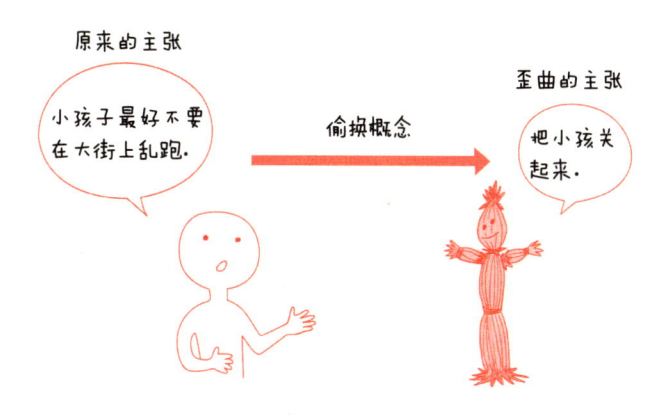

原来的主张：小孩子最好不要在大街上乱跑。

偷换概念

歪曲的主张：把小孩关起来。

04 如何避免"稻草人谬误"？

想要在生活中最大限度地避免稻草人谬误，需要站在真实的立场去思考问题，秉持平和的心态，减少以歪曲、夸大以及其他的曲解方式来攻击他人更容易被批判或拒绝的立场，一切用事实和证据说话。如果有人对你声情并茂地讲起某件事或某个人时，切记不要被那些扭曲的、颠倒是非黑白的语言影响！要知道，吓唬飞禽走兽的那些"稻草人"，无论看起来多么逼真，也不是真实的人。我们要用正确的、理性的方式，去对待身边的人和事。

> 在辩论过程中，为反驳对方的立场，而歪曲、夸大或以其他方式曲解之，使得被攻击的不是对方的真实立场，而是更容易被批判或拒绝的立场，就是犯了稻草人谬误。

逻辑学与生活

上不了好学校，将来就会学坏？

"孩子上不了好的幼儿园，就进不了好的中学；进不了好的中学，就没法考上好的大学；考不上好的大学，就不能进入跨国公司找一份好工作……这样孩子就会被同伴撇下，那孩子就会崩溃，最后孩子就会学坏，然后吸毒……"你认同这样的说法吗？

滑坡谬误
第一个原因发生
定会导致最坏的结果

上述的这番话，出自印度电影《起跑线》。拉吉夫妇凭借自己的努力跨进了中产阶级，为了让孩子接受好的教育，他们四处奔忙。拉吉的妻子米图，非常不愿意让孩子重复她和丈夫年少时的读书经历，一心想让孩子远离他们曾经受教育的学校。每次丈夫拉吉对孩子上学的问题发表与她不一致的言论时，米图就会抓狂，哭丧着脸，周而复始地开始这段话。

听到"吸毒"这样的恐怖结局，丈夫拉吉被吓得不行，赶紧认同妻子的想法。这对中产夫妇为子女上学之事展现出的焦虑，尤其是妻子那份糟糕至极的信念，在电影中被呈现得淋漓尽致。屏幕之外的我们，对他们在片中的言行忍俊不禁，也为妻子米图那一连串的"碎碎念"感到荒谬：孩子上不了好的幼儿园，将来就一定会学坏并吸毒吗？

01 滑坡谬误

✎ 滑坡谬误

在逻辑学上，用一连串的因果推论，夸大每个环节的因果强度，将"可能性"转化为"必然性"，最终得到不合理的结论，叫作滑坡谬误。所谓"滑坡"，就是一路下坡的状态，第一个结论不合理，然后根据这个不合理的结论去推下一个结论，必然也无法得出正确的结论。

滑坡谬误的典型形式就是：如果发生A，接着就会发生B，再接着就会发生C，然后又会发生D……接下来就会发生Z。

从一个看似无害的前提或起点A开始，一小步一小步地转移到不可能的极端情况Z。之所以这样推论，就是为了明示或暗示："Z不应该发生，所以我们不能允许A发生。"

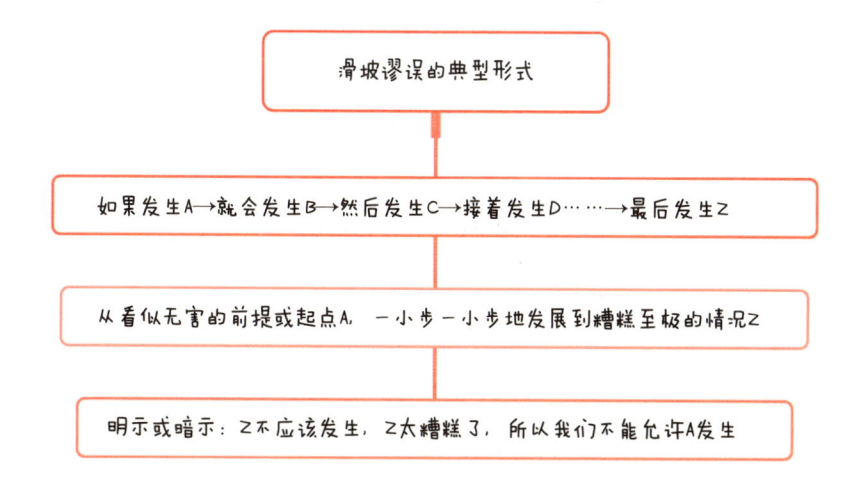

滑坡谬误的典型形式

如果发生A→就会发生B→然后发生C→接着发生D……→最后发生Z

从看似无害的前提或起点A，一小步一小步地发展到糟糕至极的情况Z

明示或暗示：Z不应该发生，Z太糟糕了，所以我们不能允许A发生

逻辑学与生活

02 滑坡谬误错在哪儿？

为什么这样的推理会构成谬误呢？

是支撑论证的因果链条太长了吗？不，现实中的确存在这样的情况，即一连串的复杂因果相互关联，从第一个原因出发得到了极端的结果，蝴蝶效应就是一个典型的案例。

滑坡谬误的问题在于，每个"坡"的因果强度是不一样的，有些因果关系只是可能，而不是必然；且有些因果关系很微弱，甚至是未知的、缺乏证据的。即使A真的发生了，也无法一路滑到Z，Z并非必然发生。所以，在有足够的证据之前，不能认定极端的结果必然会发生。

03 如何应对滑坡谬误？

滑坡谬误之所以唬人，原因主要有两点：

第一，人脑很容易相信递进关系的逻辑，哪怕这种逻辑是禁不起推敲的；

第二，说话者偷换概念，把"可能发生的事情"推论成"必然发生的事情"。

知道了滑坡谬误的软肋后，我们就可以理出两条应对的思路：

○ 应对思路1：回归效应

回归效应，类似于波峰波谷中间的横线，无论波动起伏是什么样，都要以这条线为基准，走到极端意味着要回归正常值了。

之前流行超短裙的时候，有人感叹——"裙子越来越短，世风日下了！"实际上，短裙流行一段时间后，往往又会重新开始流行长裙，如此往复，我们从来没有看到过裙子短到"消失"的情况发生。

○ 应对思路2：集中议题

集中议题，就是一次讨论一件事，遇到问题就针对问题，避免让问题扩散。

以实际生活为例，本来解决的是眼前的小事，那就不要总翻旧账，一路滑坡就扯得太远了。

> 滑坡谬误在某些情况下产生的说服力是不可小觑的，它可以把许多不相干的东西掺杂进来。当有人试图用这一谬误进行诡辩或言语攻击时，要多运用回归效应和集中议题，厘清思路，切勿被对方的"神逻辑"带偏，不自觉地将事情往最坏的地方联想，徒增焦虑。

CHAPTER

8

怎样进行逻辑表达，
才能让别人信服？

LOGIC AND LIFE

逻辑学与生活

为什么你的好心总是被辜负？

阿苑心地善良，关心身边的家人和朋友，只是她传递出的那些善意，对方往往接收不到。

临近春节，阿苑看到孩子正在放鞭炮，担心鞭炮会炸伤孩子，就立刻上前阻止孩子玩。可是，孩子不领情，觉得阿苑小题大做，干涉自己的休闲娱乐，与阿苑发生了争执。

前段时间，阿苑看朋友沾染上了吸烟的坏习惯，趁着闲聊之际，好心劝说朋友，说抽烟对皮肤不好，也影响身体健康，何况家里还有孩子。朋友听后，非但不领情，还认为阿苑是在指责她，不屑一顾地说："抽烟怎么了？好多女演员不都抽烟吗？"

类似这样的情境在阿苑的生活中出现过多次，她不免心生疑惑和感到郁闷：作为母亲，明明是为了孩子的安全着想，他为什么不领情呢？作为朋友，我是出于关心和担忧才劝她不要吸烟，她为什么一脸嫌恶呢？难道是我做错了吗？

阿苑的初衷是好的，只可惜，她吃了不懂逻辑表达的亏。

逻辑表达能力强的人，可以清晰地把自己的所思所想传递给别人，让别人顺着自己的思路走；反之，逻辑表达力差的人，无法清晰地表述自己的想法和感受，说话没有重点，思路混乱，有时还会不恰当地转移话题。最常见也是最令人难忍的，就是自顾自地说，完全不考虑听者的感受，把双向的沟通交流变成一场"独角戏"。

CHAPTER 8
怎样进行逻辑表达，才能让别人信服？

01 无效沟通与漏斗原理

以发生在阿苑身上的两件事情为例：她在向孩子和朋友传递信息时，就是在一味地表达自己的观点，完全没有考虑到对方的立场和感受。这就使得，阿苑想要表达的初衷是A，而对方接收到的信息却是B，所以他们之间的沟通是无效的。

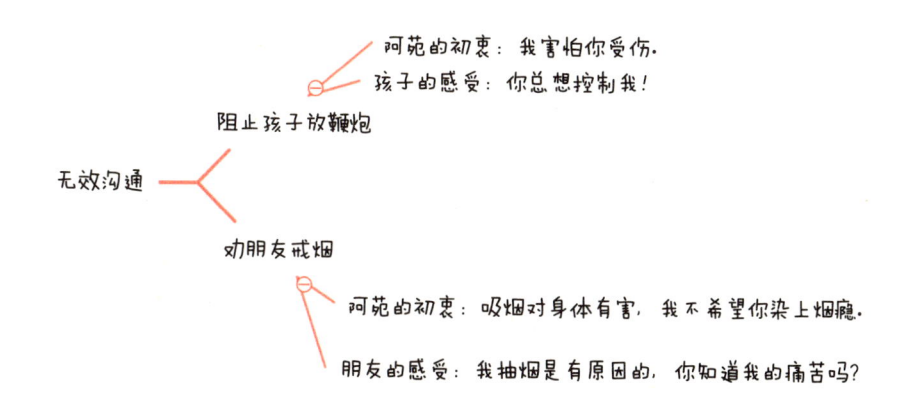

```
                    阿苑的初衷：我害怕你受伤。
                    孩子的感受：你总想控制我！
          阻止孩子放鞭炮
无效沟通
          劝朋友戒烟
                    阿苑的初衷：吸烟对身体有害，我不希望你染上烟瘾。
                    朋友的感受：我抽烟是有原因的，你知道我的痛苦吗？
```

芭芭拉·明托说过："你期望用言语说服别人为你做什么，那么你首先要确定这样做对对方也有好处，否则对方一定不愿意去做。当你试图将某个观念灌输给他人的时候，你也要先确定这个观念能够被对方接受，否则你所做的一切都只是无用功而已。"

这也提醒了我们，沟通要建立在对等的基础上。这种对等，不是强调身份、阶层、性格、教育背景等，而是指双方在心态和解读上应该是对等的。有效的沟通一定是双方相互交流、相互妥协，如果有一方认为自己完全不需要与对方交流，也不必向对方作出任何妥协，那么沟通就没有存在的必要了，直接下达命令就好了。

当然了，即便做到与对方平等交流，也不意味着可以完全把信息传递给对方。

逻辑学与生活

✏ 沟通漏斗

人与人沟通时，一个人通常只能说出预想的80%，对方听到的最多只能有60%，听懂的则只有40%，到执行时就只有20%了。换言之，在沟通过程中，如果没有对每个环节进行干预，你想讲给别人的，到了别人那里，往往只剩下很少的部分。

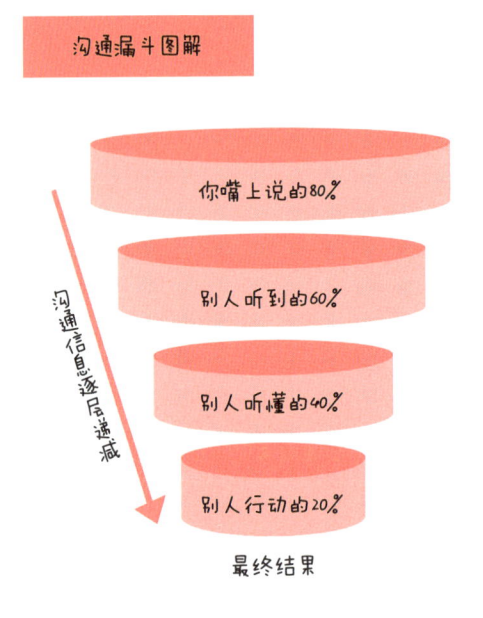

沟通漏斗图解

你嘴上说的80%

别人听到的60%

别人听懂的40%

别人行动的20%

沟通信息逐层递减

最终结果

沟通漏斗原理告诉我们：人心中的想法在传递过程中会不断被耗损，真正能被对方理解的内容还不足一半。有时候，你详尽地阐述了自己的一些观点，也认为自己说得很清楚了，但实际上你所传递出的有效信息，并没有预想中那么多。

02 如何做到有逻辑地表达？

为了减少沟通无效的情况发生，降低沟通过程中的信息耗损，我们有必要掌握和提升逻辑表达能力！有逻辑地说话，意味着可以流利地表达出自己的想法和意图,把复杂的道理讲得简单明了,把浅显的道理说得清楚动听,做到言之有物、言之有序、言之有理、言之有情,既减轻听者的负担,又易被他人理解和接受。

要做到富有逻辑地表达,有四个要素必不可少:

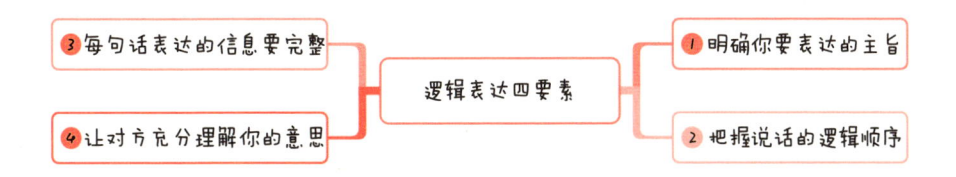

- ❸ 每句话表达的信息要完整
- ❹ 让对方充分理解你的意思
- 逻辑表达四要素
- ❶ 明确你要表达的主旨
- ❷ 把握说话的逻辑顺序

1.明确你要表达的主旨

明确表达的主旨,就是明确你想要说什么,这是让话语符合逻辑、彰显魅力的必备要素。

——"我觉得,张晓做事很认真,处处为同事着想,也有大局观,值得奖励。记得有一次,她为了帮我修改PPT,都没有去参加同学聚会,这件事我还挺过意不去的呢!"

看到这番话,是不是觉得说的内容很多,但不清楚到底想要表达什么?接下来,我们换一种富有逻辑的表达方式重新描述,看看有什么不同。

——"我觉得,张晓是一个有责任心的员工,不仅为公司和同事着想,在自己的岗位上也尽心尽力。所以,我支持她获得这次的表彰。"

对比可见,第二种表达方式,开口直接阐述观点,条理清晰,有理有据。

2.把握说话的逻辑顺序

生活和工作中遇到的问题往往不是单一的,而是叠加在一起的,要是一股脑儿地全倒出来,会让人觉得杂乱无章,理不清头绪。此时,言之有序就显得格外重要。

(1)按照事情的发展顺序来叙述

根据时间、地点、人物、起因、经过、结果的顺序阐述问题,有助于对方更轻松地理解你的问题。

（2）按照事情的主次顺序来阐述

假设你的工作没有完成，在向老板解释原因时，可以这样说："我昨天加班到很晚，也没有完成这项工作。不瞒您说，这项任务的确有些棘手，很多地方我还没有想明白，也想着这两天向您请教，能梳理出一个更好的思路。"

3.每句话表达的信息要完整

要保证沟通顺畅、表达清晰，说完整的句子是关键。如果句子不完整，很容易让对方产生误会，比如："那天我交代你的事情，你完成了吗？"这句话就是不完整的，"那天"是指哪一天？"交代你的事情"具体是指哪一件事？

4.让对方充分理解你的意思

进行逻辑表达就是为了让对方充分理解你的意思，从而实现有效的沟通。倘若用词不当，表达不明确，对方就会通过他自己的心理模式对你的话进行过滤式解读，导致两个人的信息不一致，继而产生误解。

所以，在具体地表达出自己的观点、感受和需求之后，为了搞清楚对方是否完全明白了你的意思，还需要进一步确认，比如"不知道我是不是说清楚了"，听一听对方的反馈，再有针对性地进行解释和补充。

> 在与他人进行沟通时，一定要事先明确沟通的目的，与沟通对象有共同的观点或愿景，同时与对方站在同一层面上。只有这样，才能确保沟通的有效性。

CHAPTER 8
怎样进行逻辑表达，才能让别人信服？

列举一二三，告别杂乱无章

01 "啰唆"怎么解释？

课堂上，学生提问说："老师，'啰唆'这个词语怎么解释？"

老师拿起粉笔，在黑板上慢慢地写了"啰唆"二字，接着慢腾腾地说："啰唆，啰唆，就是讲话啰啰唆唆，拖泥带水，啰里啰唆，绵绵不断，叨叨不绝，没完没了。说一些没有价值的话，没有用的话，多余的话，就是言多。总的来说，啰唆的意思就是，说话不干脆、不利落。啰唆者，麻烦也；麻烦也，令人心烦、令人厌恶……你理解了吗？"

学生回答："嗯，从您的言谈中，我知道什么是啰唆了。"

无论是正式场合还是非正式场合，说话都应当追求简洁、干净、利索，快速地切入主题，清晰地表达重点，而不是滔滔不绝地讲个没完，耗费听者的时间和精力。冗长的论调，往往会让听者感到厌烦，如果表达再不连贯，更会被人认为说话没有逻辑。

✎ 30秒电梯法则

麦肯锡高级项目经理詹森·克莱因在担任《田园和小溪》以及《户外生活》的发行人期间，创立了"30秒电梯法则"：所有员工凡事都要在30秒中把结果表达清楚，这一方法后来成为麦肯锡的极度高效表达法则。

02 大脑记忆规律与三点式结构

心理学家乔治·米勒在1956年发表的一篇文章中指出：人类大脑一次性无法同时记住7个以上的项目，3个是最合适的。彼得·迈尔斯教授也有相同的观点，并提出了相应的策略："我们要求你严格将中间部分的讲话归纳为3个要点。"

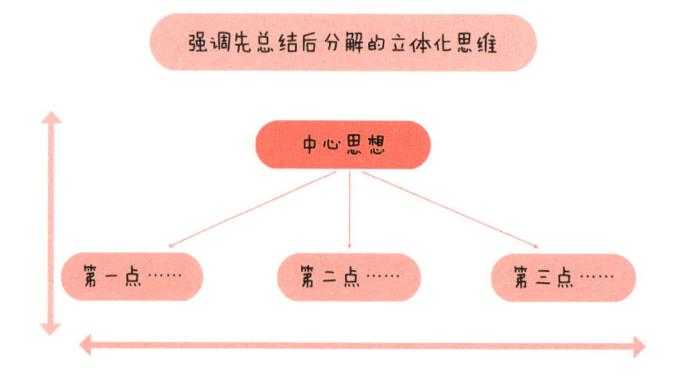

强调先总结后分解的立体化思维

```
            中心思想
           /   |   \
      第一点…… 第二点…… 第三点……
```

人的记忆力是有限的，在面对一堆杂乱无章的信息时，人很容易感到困惑；如果对它们进行归类分组，就可以轻松地记住。迁移到语言表达方面，我们叙述任何事情也都要力求用简洁高效的语言，将问题的核心、解决方案以及落地办法等关键性信息传递给对方，最好归纳在3条以内，如："我要说的有三点：第一点是……第二点是……第三点是……"

这是一位妈妈在女儿婚礼上的致辞，她巧妙地利用了"三点式结构"：

"我想对女儿女婿说三句'不是'：第一，婚姻不是1+1=2，而是0.5+0.5=1。婚后，你们都要去掉自己一半的个性，要有作出妥协和让步的心理准备，收敛自己的锋芒，容忍对方的锋芒。第二，爱情不是亲密无间，而是亲密'有间'，彼此相依相伴相支持的同时，也要留给自己和对方独立的空间。第三，家不是讲理的地方，而是讲爱的地方……"

这是"三点式结构"在生活场景中的应用，言简意赅，又令人印象深刻。实际上，在职场和商场上，"三点式结构"也是一个经常被用到的表达方式。

日本经济学家森永卓郎曾经提出过一个颇受关注的命题——"B级人生"。

他将人生分成A、B、C三级，分别对应"有钱没闲""有钱有闲""有闲没钱/没闲没钱"。森永卓郎利用这三级，层层分析、比较了人生的价值。

乔布斯在演讲时，总是在进入主题后立刻给出陈述的框架结构："下面我将从三个方面对这个问题进行阐述……"2005年，他在宣布iPod突破性的进展时说："第一点是它超级轻便……第二点是我们开发应用了火线接口……第三点是它具有超常的电池续航时间。"

总而言之，开口表达之前要对想说的内容在心里进行全盘的规划，明确自己说话的目的、想要表达的观点，以及希望达到什么样的效果。在整体把握后，组织语言，归纳总结出三个要点，这样就可以让表达变得更加清晰而富有逻辑，吸引听者的注意力。

> 越在危急、混乱的时刻，越要努力保持镇静，厘清思路，组织好语言，用有逻辑、有条理的表达方式去阐述自己的想法和意见，千万不要失了主张和方寸。一旦被消极的想法控制，就会产生消极的情绪，促使别人也产生同样强烈的情绪。

逻辑学与生活

学会用数字为自己"说话"

有一次在检阅军队时,指挥官按照惯例跑到拿破仑跟前,以清晰的口吻报告:"报告将军,本部已全部集合完毕。本部官兵应到3444人,实到3438人,请检阅!"

听到这样的报告,拿破仑非常满意,点头说道:"很好。"随即,他又对身后的参谋说:"记住这个指挥官的名字,数字记得这么准确的人应该受到重用。你们以后也要向他学习,汇报时尽量用精确的数字说话,不要说大概、也许、可能、差不多。"

看完这个故事,你不妨回顾一下:在工作和生活中,你有没有用数字为自己说过话?你是否想到了今后在某些情况下,可以用数字为自己说话?

01 数字可以精准地传达信息

在沟通表达时,如果你一直都是用文字来陈述,那么从现在开始,不妨考虑一下把数字融入其中。数字是真实的、具体的,可以让对方在脑海里形成清晰的图像。在对话过程中,若能巧妙地运用数字,往往只需要几句话,就可以精准地传达信息,实现沟通目的。

假设现在需要你帮客户做一个帮助贫困儿童的公益广告,你会怎样表达?

要用语言来呼吁大家关注贫困儿童吗?不,稍作思考,你就会排除这种方式,它太平淡无奇了。无论是观众还是听众,对于你所讲述的事情都根本没有概念，自然也不会产生多少共鸣。这时，如果你在陈述中融入数字，效果立刻就呈现出来了！

"零下14摄氏度的天气，有5个孩子只穿着秋衣秋裤，有2个孩子连鞋子都没钱买。因为没有交通工具，每天他们要徒步10050米，花费3~4小时前往学校。他们的午餐是1个馒头，1包咸菜，1杯白开水……像这样的孩子，我们全国还有×××万……"

相比抽象的文字，形象具体的数字更适合运用在沟通之中。将数字形象化，通过列举数字，可以带给对方直观、形象的感受，让对方在最短的时间内真正地理解你要表达的内容，从而实现快速有效的沟通。

分析现实中的那些成功沟通的案例，我们不难发现，数字发挥着不可小觑的作用。

我国申办2008年北京奥运会时，使用了一系列切实的数据，给投票委员们带来了不小的影响："在4亿年轻人中传播奥林匹克理想""通过了一个12.2亿美元的预算""95%以上的人民支持申办奥运""60万志愿者随时准备投入奥运会""北京的财政收入增长超过20%"，等等。

瞧，这就是数字的力量，这就是铁的事实，比任何苦口婆心的解说都更有说服力。

02 运用数字时要注意什么？

需要指出的是，在运用数字的时候，也要注意几个问题。

1.确保数据的真实性和准确性

运用数据阐述观点是一种有效的沟通方式，前提是要保证数据的真实性和准确性。如果所用的数据不够真实或准确，数据就丧失了意义。最为严重的是，一旦对方发现数据存在虚假或错误，就会认定你在欺骗和愚弄他。失去了信任，沟通将无法继续。

2.使用数据要适可而止

数据可以在恰当的时候很好地说明一些问题，但也要适可而止，不能滥用各种数据。过于频繁地使用数据，会让对方感到麻木甚至厌恶，反而难以达到预期的沟通目的。

3.数据储备要适时地更新

数据是不断变化的，在列举数据的过程中，不能把数据看作是一成不变的，要根据实际情况的变化，不断更新数据储备。

> 数字是真实的、具体的，可以让对方在脑海里形成清晰的图像，数字往往比修辞和逻辑更重要。在沟通过程中，若能巧妙地运用数字，可以有效地实现精准表达，提升沟通效果。

千万别忽略"假设"的说服力

有句话你可能听过:"世上没有如果,只有结果。"这句话是在提醒我们,要学会接受现实。可即便如此,我们还是忍不住在某些时刻对自己说:"如果……"庆幸的是,这也并非绝对的坏事。在逻辑学上,如果自身的观点说服力较弱,完全可以加入假设作为支撑。

01 假设可以丰富话语

当你说了一个已经存在的事实之后,可以利用假设来讲一些虚拟的事实和想象的状况,以此来增强感染力。比如,话说到一半"卡壳"时,不妨说"如果……就……""要是……就……""只有……才能……",或者"让我们来想象一下……"这都属于假设。

02 假设可以活跃思维

创造力与想象力密不可分,当思想失去了想象力,就会变得刻板而没有活力。

在思考问题和表达观点时,如果总是"一根筋",听起来就显得很呆板、死气沉沉。倘若展开想象与假设,就能够跳出狭隘的格局,让思路活跃起来。

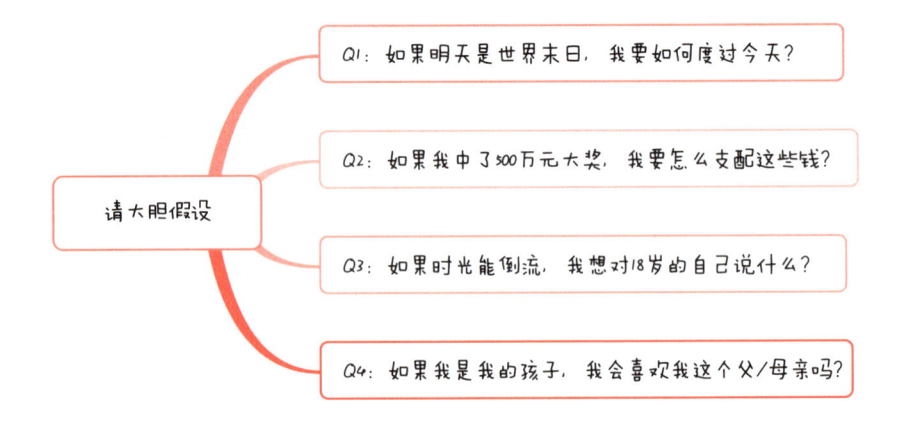

请大胆假设
- Q1：如果明天是世界末日，我要如何度过今天？
- Q2：如果我中了500万元大奖，我要怎么支配这些钱？
- Q3：如果时光能倒流，我想对18岁的自己说什么？
- Q4：如果我是我的孩子，我会喜欢我这个父/母亲吗？

上述的这些假设，看似都是不切实际的想象，可当你真的用心去思考它们的时候，你是在跟自己进行深度的连接，可以借此探寻到心中最真实的想法、最在意的东西、最迫切的希望、最渴望满足的需求等。当然，还可以展现出你的见识与格局。

可能有些人会觉得：自由奔放的想象与严谨周密的逻辑思维不是相对立的吗？

其实，这是一种错误的认知。逻辑思维是指遵循客观规律和思维规律的思维方式，想象作为一种思维活动，必然也有其内在的思维规律性。更何况，想象不是漫无边际的胡思乱想，而是需要满足逻辑自洽性的合理假设。

你去看科幻小说时会发现，虽然作者凭空假想出了一个虚拟的世界，但那个世界依然有其内在的逻辑，小说里的任何一个情节都能够自圆其说。如若破绽百出、前后矛盾、不合逻辑，谁会浪费时间去读它呢？

03 假设可以增强说服力

没有人能够轻易地被另一个人说服，除非他愿意，而愿意的原因是——趋乐避苦。

人都会追求自己喜欢的东西，同时也有逃避痛苦的倾向；两者相比，逃避痛苦的驱动力更强。假设之所以能够增强说服力，就是因为它能够展现诱惑或威胁。

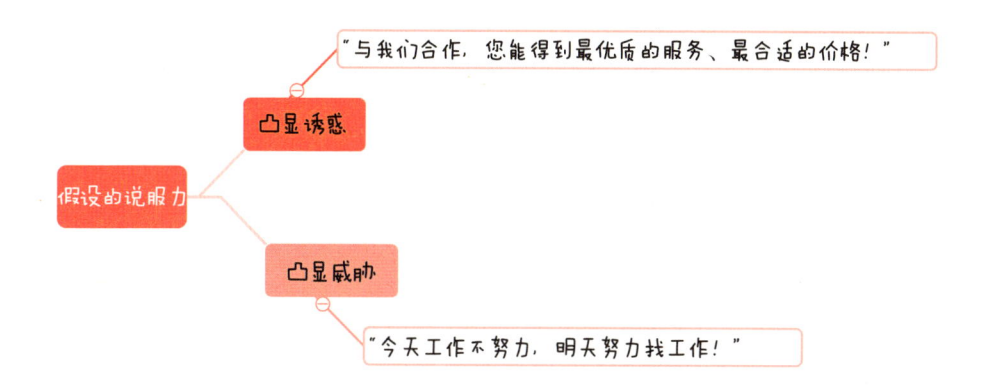

```
                    ┌─ 凸显诱惑 ──"与我们合作，您能得到最优质的服务、最合适的价格！"
    假设的说服力 ──┤
                    └─ 凸显威胁 ──"今天工作不努力，明天努力找工作！"
```

一个真实的假设，往往能够让某些情形灵动地呈现在眼前，让真相浮出水面。当你学会以假设作为前提和基础，那么无论面对什么样的状况，你都能够有条不紊地分析、解决问题，而不至于陷入困境。同样，在表达观点时融入假设，也更容易说服他人。

> 许多人把假设与结论混为一谈，究其根源，他们将很多由数据和信息建立起来的假设，当成了事件的结论。通过凭空的假设是无法解决问题的，要在对假设进行验证的过程中，不断对其进行推导，得出相应的结论，才能解决问题。

表达有条不紊，反驳有理有据

01 别跟强词夺理的人争论

阿Q翻墙进了尼姑庵的菜园偷萝卜，结果被老尼姑捉个正着。

老尼姑质问阿Q："你为什么跳进园里来偷萝卜？"

阿Q反问道："我什么时候跳进你的园里偷萝卜？"

老尼姑指着阿Q的衣兜说："现在……这不是？"

阿Q说："这是你的？你能叫得它答应你吗？"

当一个人强词夺理的时候，我们应该认清一个事实：对方和你辩论的目的，并不是要把你们论辩的话题辩明白，因为他根本不在乎事实是什么！而且，他知道自己说得不符合常理，完全就是胡搅蛮缠、厚颜抵赖。面对这样的人，再怎么提高嗓门去争论都是无用的，我们要做的是尖锐地指出对方观点或论证中的纰漏，且有理有据地证明对方的观点和论证是错的。

✎ 反驳

反驳，是用一个或一些已知为真的命题并借助推理，来确定另一个命题是假命题或者另外一个论证不成立的思维过程。简单来说，就是削弱对方的某个观点或某种思想，找出对方论证过程中的疏漏或错误。

——甲发表观点："鲸鱼是一种鱼。"

——乙反驳道："不，鲸鱼不是鱼！因为所有的鱼都没有肺，而鲸鱼是用肺呼吸的。"

这就是一个反驳的典型案例，乙在反驳的过程中使用了简单的三段论推理：

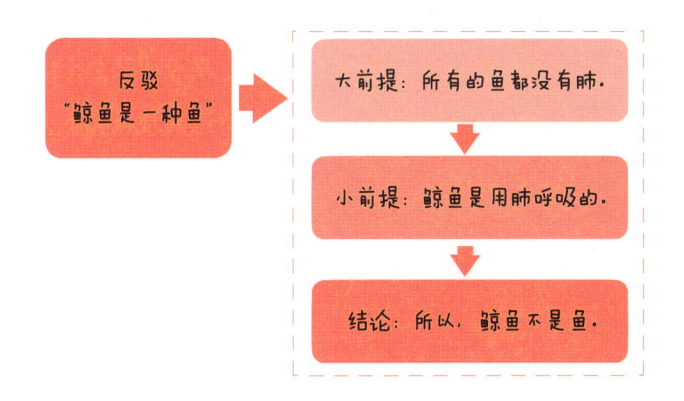

反驳"鲸鱼是一种鱼" → 大前提：所有的鱼都没有肺。
↓
小前提：鲸鱼是用肺呼吸的。
↓
结论：所以，鲸鱼不是鱼。

02 完整的反驳是什么样的？

在逻辑学中，反驳的结构和论证是一样的，通常由三个部分组成：被反驳的论点、反驳的论据、反驳方式，这是构成一个完整的反驳不可或缺的三要素。

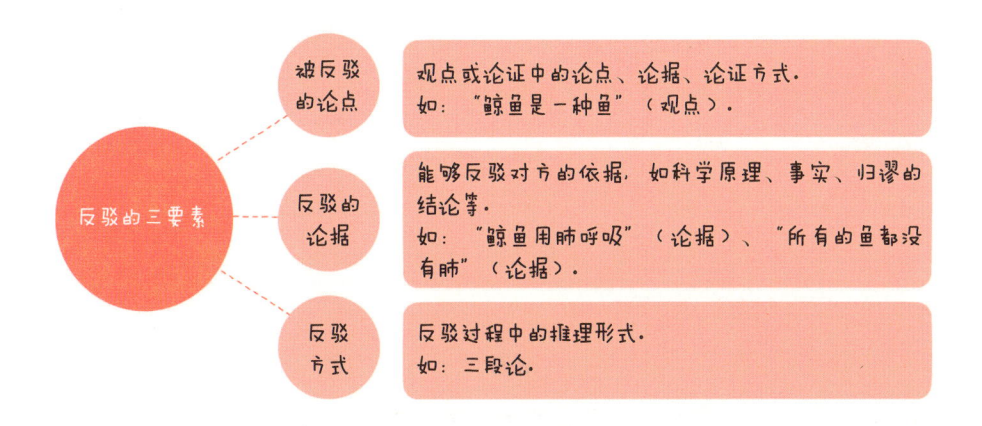

反驳的三要素：

- **被反驳的论点**：观点或论证中的论点、论据、论证方式。如："鲸鱼是一种鱼"（观点）。
- **反驳的论据**：能够反驳对方的依据，如科学原理、事实、归谬的结论等。如："鲸鱼用肺呼吸"（论据）、"所有的鱼都没有肺"（论据）。
- **反驳方式**：反驳过程中的推理形式。如：三段论。

从本质上来说，反驳和论证都离不开推理，反驳相当于一种特殊的论证。当我们反驳的对象是一个命题时，其实就是在论证与之相矛盾的另一个命题。在多数情况下，反驳和论证都是围绕某一个话题同时展开的，既要论证自己的观点，又要反驳对方的观点或论证。

不过，反驳和论证的作用是不一样的。论证的目的，在于强化自己的某个观点或某种思想，而反驳是为了削弱对方的某个观点或某个论证，揭露其中的纰漏和错误。在辩论场上，论证的立足点在于自己的观点和思想，反驳则立足于对方的观点和论证的过程。

03 掌握反驳的方法

置身于辩论场上，我们都可以用哪些方法来进行反驳呢？

反驳方法1：直接法

用已知的事实或科学原理进行反驳，可运用归纳推理、演绎推理法。

——"所有的哺乳动物都是胎生！"

——"不，鸭嘴兽是哺乳动物，但它是卵生的。"

反驳方法2：间接法

间接法利用了逻辑规律中的排中律，相互矛盾的两个命题不能同时都是正确的。论证与对方的论点矛盾或相反的命题是正确的，也就得出了这个论点是错误的。

——"这个数是正数。"

——"不，这个数小于0，它是负数。所以，这个数不是正数。"

反驳方法3：归谬法

先假设对方的论点是正确的，再按照对方的逻辑进行分析和推理，最后得到自相矛盾或荒谬的结论，以此来证明这个假设是不成立的。归谬法类似于反证法，利用了逻辑规律中的矛盾律。

——"施肥越多，庄稼长得越好！"

——"不，如果施肥过多的话，会导致土壤溶液的浓度过高，如此就会烧伤根系，让庄稼枯萎，怎么会越长越好呢？"

> 在反驳一个观点或论证时，归谬法较为简单，容易理解，且反驳力度也很大。需要注意的是，在使用归谬法时一定要能够"归谬"，即先假设后推理得到的论证一定要和需反驳的观点相矛盾。